Adrian Cherek

Vergleich von Massenbewegungen an der Jura- und der Muschelkalkschichtstufe in Deutschland

Bachelor + Master
Publishing

Cherek, Adrian: Vergleich von Massenbewegungen an der Jura- und der Muschelkalkschichtstufe in Deutschland, Hamburg, Bachelor + Master Publishing 2013

Originaltitel der Abschlussarbeit: Vergleich von Massenbewegungen an der Jura- und der Muschelkalkschichtstufe in Deutschland

Buch-ISBN: 978-3-95684-001-2
PDF-eBook-ISBN: 978-3-95684-501-7
Druck/Herstellung: Bachelor + Master Publishing, Hamburg, 2013
Covermotiv: © Kobes - Fotolia.com
Zugl. Rheinisch-Westfälische Technische Hochschule Aachen (RWTH), Aachen, Deutschland, Bachelorarbeit, 2012

Bibliografische Information der Deutschen Nationalbibliothek:
Die Deutsche Nationalbibliothek verzeichnet diese Publikation in der Deutschen Nationalbibliografie; detaillierte bibliografische Daten sind im Internet über http://dnb.d-nb.de abrufbar.

Das Werk einschließlich aller seiner Teile ist urheberrechtlich geschützt. Jede Verwertung außerhalb der Grenzen des Urheberrechtsgesetzes ist ohne Zustimmung des Verlages unzulässig und strafbar. Dies gilt insbesondere für Vervielfältigungen, Übersetzungen, Mikroverfilmungen und die Einspeicherung und Bearbeitung in elektronischen Systemen.

Die Wiedergabe von Gebrauchsnamen, Handelsnamen, Warenbezeichnungen usw. in diesem Werk berechtigt auch ohne besondere Kennzeichnung nicht zu der Annahme, dass solche Namen im Sinne der Warenzeichen- und Markenschutz-Gesetzgebung als frei zu betrachten wären und daher von jedermann benutzt werden dürften.

Die Informationen in diesem Werk wurden mit Sorgfalt erarbeitet. Dennoch können Fehler nicht vollständig ausgeschlossen werden und die Diplomica Verlag GmbH, die Autoren oder Übersetzer übernehmen keine juristische Verantwortung oder irgendeine Haftung für evtl. verbliebene fehlerhafte Angaben und deren Folgen.

Alle Rechte vorbehalten

© Bachelor + Master Publishing, Imprint der Diplomica Verlag GmbH
Hermannstal 119k, 22119 Hamburg
http://www.diplomica-verlag.de, Hamburg 2013
Printed in Germany

Inhalt

1 Einleitung 3

2 Grundlagen zur Beschreibung von Massenbewegungen 5

    2.1 Denudation und Erosion 5

    2.2 Physikalische Grundlagen 6

    2.3 Sturzdenudation und Rutschungen 6

3 Grundlagen zur Beschreibung & Entstehung von Schichtstufenlandschaften 11

4 Die Jura-Schichtstufe in Südwest- und Süddeutschland 12

    4.1 Geologie & Abriss der paläogeographische Entstehung der Süddeutschen Schichtstufenlandschaft 12

        4.1.1 Geologie des Schwarzen Juras 16

        4.1.2 Geologie des Braunen Juras 17

        4.1.3 Geologie des Weißen Juras 19

    4.2 Kurze Einführung in die Geomorphologie des Süddeutschen Schichtstufenlandes 20

    4.3 Fallbeispiele für Massenbewegungen in der Schwäbischen Alb 23

        4.3.1 Massenbewegung am Schönberger Kapf bei Öschingen in der zentralen Schwäbischen Alb und seine Auswirkungen auf die örtliche Bebauung 23

        4.3.2 Statistische Erfassung von Geofaktoren, die die Rutschempfindlichkeit an den Schichtstufen der Schwäbischen Alb beeinflussen 30

        4.3.3 Rutschungskomplex Pferch/Grubich in der Mittleren Schwäbischen Alb 35

        4.3.4 Geomorphologische Untersuchungen im Rutschgebiet „Scheibenbergle" 37

5 Die Muschelkalkschichtstufe im Thüringer Becken 40

    5.1 Geologie & Abriss der Paläogeographischen Entstehung des Thüringer Beckens 40

    5.2 Kurze Einführung in die Geomorphologie des Thüringer Beckens 46

    5.3 Fallbeispiele für Massenbewegungen im Thüringer Becken 48

        5.3.1 Massenbewegungsindikatoren an der Wellenkalkschichtstufe 49

        5.3.2 Klimatische Proxies für Massenbewegungen im Thüringer Becken 52

        5.3.3 Baupraktische Probleme an der Wellenkalkschichtstufe 55

        5.3.4 Messungen an Blockbewegungen der Wellenkalkschichtstufe 58

6 Zusammenfassung 63

Literaturverzeichnis 65

1 Einleitung

Diese Ausarbeitung legt seine Schwerpunkte zunächst auf die Einführung in die geomorphologischen & geologischen Grundvoraussetzungen zum einen im Süddeutschen Schichtstufenland bzw. speziell der Schwäbischen Alb und zum anderen im Thüringer Becken.

Dabei dominieren in beiden Regionen ausgeprägte Schichtstufenlandschaften, die im Thüringer Becken durch die Muschelkalkschichstufe bzw. Wellenkalkschichtstufe aufgebaut werden und in der Schwäbischen Alb durch unterschiedliche Juraschichtstufen aufgebaut werden. Zusätzlich wird auch noch auf geomorphologischen Grundgegebenheiten eingegangen, die zur Deskription von Schichtstufen und Massenbewegungen verwendet werden. Unter anderem werden auch die Grundbedingungen für das Auftreten von Massenbewegungen genannt und erläutert.

Es folgt eine Aufgliederung in verschiedene Fallbeispiele für Massenbewegungen in den jeweiligen Regionen, wobei ein Schwerpunkt die baupraktischen Probleme, die mit den rutschungsgefährdeten Schichtstufen zusammenhängen, darstellen.

Ein weiterer Schwerpunkt sind die Zusammenhänge zwischen Klima und der Intensität und Frequenz von Massenbewegungen. Dabei gibt es einige signifikante Zusammenhänge, die seit Jahren in der geomorphologischen Forschung als anerkannt gelten. Statistische Auswertungen der Massenbewegungen runden die Ausarbeitung zusätzlich noch ab und zeigen ebenfalls noch einmal auf, welche Geofaktoren gehäuft an der Entstehung von Massenbewegungen in der Schwäbischen Alb und dem Thüringer Becken beteiligt sind.

Geographisch gesehen liegt das Thüringer Becken in Zentraldeutschland und die Schwäbische Alb befindet sich im Südwesten von Deutschland. Beide Regionen sind den deutschen Mittelgebirgen zuzuordnen. Ihre geographische Lage in Deutschland ist in Abbildung 1 nachvollziehbar.

Abbildung 1: Geographische Lage der Schwäbischen Alb und des Thüringer Beckens in Deutschland
(Verändert nach: DLOCZIK et al. 1990: 43)

2 Grundlagen zur Beschreibung von Massenbewegungen

2.1 Denudation und Erosion

Alle Prozesse der flächenhaften Abtragung werden zur Denudation gezählt. Dabei kommt es durch Denudationsprozesse zur Abtragung des Regoliths und damit zur Freilegung des sich darunter befindlichen Gesteins. Die Erosion hingegen beschreibt Abtragungsprozesse, die linienhaft wirken. Als Beispiele solcher linienhaften Abtragungsprozesse dienen fluviale Erosionsprozesse (Abtragung durch Flüsse) und glaziale Erosionsprozesse (Abtragung durch Talgletscher). Letztendlich ist die Denudation als Bindeglied zwischen linienhafter und flächenhafter Abtragung zu verstehen, wobei flächenhafte Abtragungsprodukte wie z. B. Schutt mittels linienhafter Abtragung eines Flusses abtransportiert werden können. Des Weiteren können Denudationsprozesse nach dem transportierten Gesteinsmaterial bzw. dem transportierten Medium unterschieden werden (AHNERT 2003: 122).

Schwerkraftbedingte Massenbewegungen von Fels und Schutt	Massenbewegungen des Regoliths (meist unter Mitwirkung von Porenwasser, Eis oder Schnee)	Regolithbewegung mit maßgeblicher Frostwirkung, meist bei dauend gefrorenem Untergrund	Abfuhr von gelösten Stoffen im Boden- und Grundwasser / Abtragung und Materialtransport durch auftreffenden Regen und durch unkonzentrierten Abfluss von Niederschlagswasser
➢ Sturzdenudation ➢ Blockabstürze ➢ Felsstürze ➢ Bergstürze ➢ Rutschungen ➢ Bergrutsche ➢ Blockrutschungen ➢ Schuttrutschungen in Grobmaterial	➢ Muren ➢ Abtragung durch Lawinen ➢ Erdfließen ➢ Kriechdenudation	➢ Kryoturbation ➢ Gelifluktion (Solifluktion) ➢ Blockgletscher ➢ Blockströme	➢ „Splash" ➢ Spüldenudation

Tabelle 1: Auswahl der wichtigsten Prozesse, die weitestgehend im Zusammenhang mit Denudation stehen (Eigene Darstellung nach AHNERT 2003: 123 – 124).

2.2 Physikalische Grundlagen

Die Substanzen der Erdoberfläche unterliegen der (Erd-)Schwerkraft, die vertikal nach unten gerichtet ist und auch als K bezeichnet wird. Die irdische Fallbeschleunigung beträgt dabei 9,81 m/s^{-2}. Große Teile der Landoberfläche der Erde werden aus aneinander grenzenden Hängen aufgebaut. Die Materialbewegung findet normalerweise daher immer hangparallel statt und es ist auch möglich davon auszugehen, dass die Materialbewegung an Hängen eine Funktion der Hangneigung darstellt. Mittels Aufteilung der Fallbeschleunigung g ergibt sich nach mehreren Umformungen eine Gleichung für die Normalkraft K_n einer Masse m am Hang, wobei Folgendes gilt: $K_n = m*\sigma = m*g*\cos \alpha$ (AHNERT 2003: 124-125).

Denudative Schuttbewegungen sind letztendlich gesehen dem Begriff des plastischen Fließens zugeordnet. Dabei ist der Bezug auf Massenbewegungen von Lockermaterial, wobei das Einsetzen der Bewegungen erst nach Erreichen eines bestimmten Schwellenwertes bei der Schubspannung τ erreicht wird. Dieser Schwellenwert wird auch als Grenzscherspannung s bezeichnet, wobei selbiges aber auch von der inneren Reibung des jeweiligen Materials abhängt. Des Weiteren ist die Form der einzelnen Körner für den Betrag der inneren Reibung entscheidend z. B. hat eine Lockermasse mit runden Körnern eine geringere Reibung vorzuweisen als eine selbige mit eckigen Körnern, da sich diese besser ineinander verkeilen können. (AHNERT 1999: 125). Die kritische Höhe von Böschungen ist entscheidend für die Stabilität bzw. Instabilität eines Hanges. Die kritische Höhe hängt von der Kohäsion c, der Dichte γ, dem Reibungswinkel ϕ, und den geometrischen Eigenschaften des Hanges ab. Zu den geometrischen Eigenschaften werden die Hangneigung α und die relative Höhe H gezählt, die die Hangdifferenz zwischen Hangscheitel und Hangfuß beschreiben (AHNERT 2003: 127).

2.3 Sturzdenudation und Rutschungen

Zunächst einmal sind bzgl. Sturzdenudation und Rutschungen die *Blockabstürze* zu nennen. Dabei handelt es sich um Abstürze von Blöcken an Felswänden, wenn die schwerkraftbedingte Schubspannung die Grenzschubspannung vom Betrag her übersteigt. In der Regel kann die entsprechende Felswand steil sein, was aber kein hinreichendes Kriterium für einen Blockabsturz ist d.h. die entsprechende Felswand muss nicht zwingerdermaßen senkrecht einfallen. Gewöhnlicherweise ist das Absturzrisiko an vorgegebenen Schwächezonen im Gestein/Fels am größten. Daher finden viele Blockabstürze entlang von vorhandenen Klüften im Gestein statt. Durch verschiedenste Verwitterungsformen wird der Zusammenhalt zwischen den potentiellen Blockabsturz und dem anstehenden Gestein vermindert. Der letztendlich Absturz kann durch ein unscheinbares Ereignis ausgelöst werden z. B. leichter Nachtfrost auf morgendliches Auftauen in der entsprechenden Gesteinswand. Häufen sich die Blockabstürze an einer entsprechenden Gesteinswand, so entwickelt sich am Fuß der Gesteinswand in der Regel eine Sturzhalde, wobei dort weitere Verwitterungsvorgänge dafür sorgen, dass diese Zwischenhalde nur eine Zwischenstation darstellt und der Anfangspunkt des weiteren Transportes ist (AHNERT 2003: 128).

Bei *Felsstürzen* hingegen sind die Dimensionen im Vergleich zum Blockabsturz wesentlich größer, sodass bei einem Felssturz ganze Felswände abstürzen können. Die Abrissflächen orientieren sich auch hier an entsprechend vorhandenen Schwächezonen im Gestein wie z. B. die bereits erwähnten Klüfte (AHNERT 2003: 129).

Im Gegensatz zu Felsstürzen sind *Bergstürze* nicht nur auf Hänge mit einem hohen Gefälle konzentriert, sondern können auch auf Hängen vorkommen, die weniger geneigt sind und auch über eine Bodenbedeckung verfügen. Die folgenden Kriterien sind zu berücksichtigen, um eine Massenbewegung als Bergsturz bezeichnen zu können: 1. Es handelt sich um eine rasche Bewegung, die nach einigen Sekunden wieder vorbei sein kann. 2. Der Abriss der Rutschung muss durch das anstehende Gestein gehen. 3. Es muss sich um ein ausreichend großes Rutschungsvolumen handeln, um der Kategorie Bergsturz in der Geomorphologie zu entsprechen. Der *Bergrutsch* ist im Vergleich zum Bergsturz nur durch eine geringe Geschwindigkeit zu unterscheiden (AHNERT 2003: 130).

Zu erwähnen sind auch noch die *Slumps* bzw. im Deutschen Sprachgebrauch auch bezeichnete *Rotations-Blockrutschung*. Bei Mergeln, Tonsteinen und Schiefertonen kann es bei der Überschreitung der kritischen Höhe H_c zu Rutschungen kommen, wobei das abrutschende Gestein rückwärts rotierend an einer zylindrischen Scherfläche gleitet. Die Schwerfläche ist dabei das direkte Resultat der aufkommenden Spannung und muss daher auch nicht direkt auf Schwächezonen im Gestein zurückführbar sein. Während der Rutschung kommt es zu einer Rotation des Rutschkörpers und gemeinsam mit der Scherfläche bewirkt dieses, dass der oberste Teil der Rutschmasse im Vorland der Böschung nach oben gedrückt wird. Die interne Struktur des oberen Teils der Rutschmasse bleibt erhalten und daher resultiert auch die Bezeichnung *Blockrutschung*. Im englischen Sprachraum wird die Blockrutschung wie bereits erwähnt als *Slump* bezeichnet. Diese Slumps sind vorwiegend in Schichtstufenlandschaften vorzufinden, wo es normalerweise eine Überlagerung von Kalk- und Sandsteinen über rutschungsgefährdeten Tonsteinen gibt. Die Instabilität der Tonsteine wird durch die Auflast des massiven und festen darüber liegenden Gesteins letztendlich gefördert. Unter anderem das Keuperbergland in der Süddeutschen Schichtstufenlandschaft ist von solchen Rutschungspotentialen betroffen (AHNERT 2003: 133). Die bereits erwähnte Blockschollenrutschung, die besonders häufig in Schichtstufenlandschaften vorkommt, ist in der folgenden Abbildung 2 noch grafisch zusammenfassend illustriert.

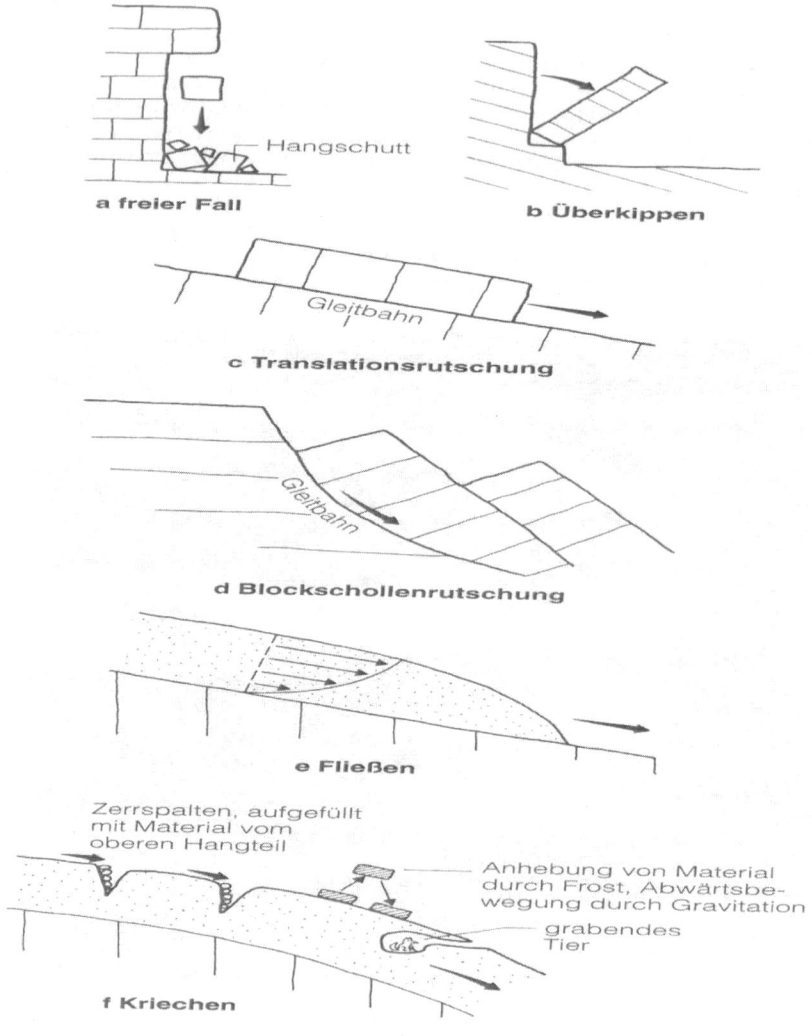

Abbildung 2: Übersicht über die wichtigsten Erscheinungsformen von Massenbewegungen (GOUDIE 2002: 324).

Eine weitere besondere Form ist möglich und das ist die Form der sog. Blockkippung oder im englischen Sprachraum auch als *cambering* bezeichnet. Diese entstehen an Schichtstufen, wenn weniger verwitterungsresistente Gesteine des Schichtstufensockels durch die Auflast des Stufenbildners nach vorne ohne Entstehen einer Scherfläche gedrückt werden. Meistens wird das Gestein des Sockelbildners bei solchen Bewegungen auch stark verformt. Im Englischen gibt es den Begriff der *Landslides* bzw. *slope failure*, die als Oberbergriffe zu den bereits erwähnten Prozessen wie Bergstürze, Bergrutsche Slumps oder auch Schuttrutschungen zu nennen sind (AHNERT 2003: 133). Eine zusammenfassende Übersicht über die Klassifikation von Massenbewegungen am Hang liefert das folgende Dreiecksdiagramm in der Abbildung 3.

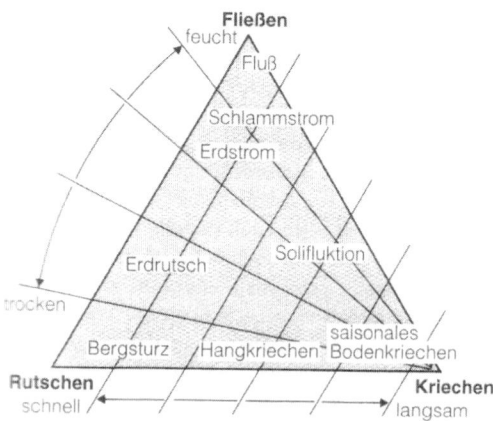

Abbildung 3: Dreiecksdiagramm zur Klassifizierung von Massenbewegungen (GOUDIE 2002: 323).

Die verschiedenen möglichen Massenbewegungen können auch nach unterschiedlichen Geschwindigkeit klassifiziert werden, was in Abbildung 4 dargestellt ist.

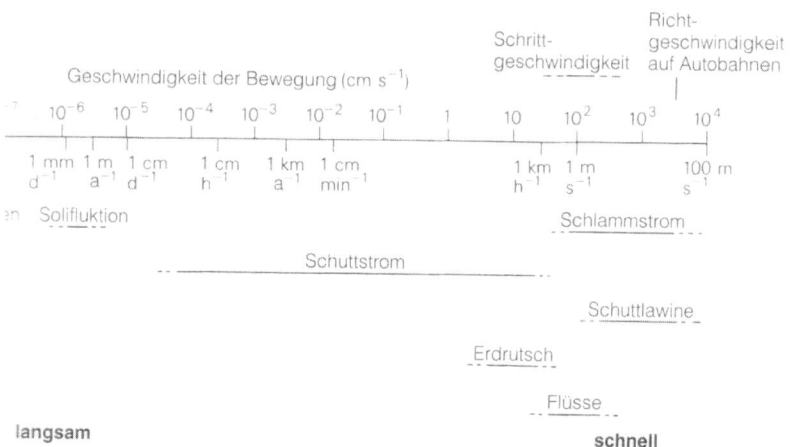

Abbildung 4: Auswahl von Massenbewegungen im Hinblick auf ihre Geschwindigkeit (Verändert nach GOUDIE 2002: 325).

Auch bei den Ursachen für Massenbewegungen kann differenziert werden, wobei neben den hauptsächlichen Ursachen sind auch noch vorbereitende Faktoren, auslösende Faktoren und bewegungsfreundliche Faktoren aufzuführen, die die eigentlichen Ursachen erheblich beeinflussen. Je nachdem wie der Hang beschaffen ist, können bestimmte Faktoren auch zwischen den genannten Faktoren wechseln und unterschiedliche Funktionen annehmen (DIKAU & GLADE 2002: 39). Eine Auswahl an Faktoren und Ursachen, die Massenbewegungen vorbereiten, auslösen und kontrollieren können, findet sich in Tabelle 2 wieder.

Ursache	Vorbereitende Faktoren (Disposition)	auslösende Faktoren (Trigger)	bewegungskontrollierende Faktoren
Geologie	Diskontinuität[1] (Schichtung, Schieferung, etc.) strukturelle Diskontinuität[1] (z. B. streichen/fallen, tektonische Störungen) Verwitterung Isostasie	Erdbeben Vulkanausbrüche	Gesteinstypen Diskontinuität[1] (Schichtung, Schieferung, etc.) strukturelle Diskontinuität[1] (z.B. streichen/fallen, tektonische Störungen)
Klima	lang anhaltender Vorregen Schneeschmelze Frost-Tau Zyklen	Niederschlag[1] (Intensität, Menge) schnelle Schneeschmelze	Niederschlag (Intensität, Menge)
Boden	Verwitterung geotechnische Materialeigenschaften Bodenart und -typ Schrumpf-Schwell Zyklen subterrane Erosion (z. B. Tunnelerosion)	nicht zutreffend	Wassersättigung Mächtigkeit des Bodens
Vegetation	natürliche Vegetationsänderung[1] (z. B. Waldbrand, Trockenheit)	nicht zutreffend	Vegetation
Hydrologie	schmelzender Permafrost	schnelle Schwankungen des Grundwasserspiegels, Porenwasserdrucks	Gerinnerauhigkeit Weitertransport bewegter Massen
Topographie	Hangexposition[1] Hanghöhe[1]	nicht zutreffend	Hangneigung[1] Hangwölbung[1] Tiefenlinien[1]
anthropogen	Entwaldung Staudammbau Enfernung des Hangfußes Belastung des Oberhangs Bewässerung Bergbau künstliche Bewegung (z. B. Sprengung) undichte Wasserversorgung	Hanganschnitte[1] Hangunterschneidung[1] Auflast[1]	künstliche Verbauungen Dämme Gerinnebegradigung, -verkleinerung, -vergrößerung

[1] diese Faktoren können, je nach Stabilitätszustand des Hanges, sowohl vorbereitend, auslösend als auch kontrollierend wirken   *Quelle:* eigene Erhebung

Tabelle 2: Faktoren & Ursachen, die Massenbewegungen vorbeireiten, auslösen, und kontrollieren können (DIKAU & GLADE 2002: 39).

3 Grundlagen zur Beschreibung & Entstehung von Schichtstufenlandschaften

Es gibt Formen der Landoberfläche, die maßgeblich durch den Schichtenbau beeinflusst werden. Die verschiedenen Formen sind gekoppelt an unterschiedliche Verwitterungs- und Abtragungsresistenzen der einzelnen Schichten. Wird ein verwitterungsanfälliges Gestein von einem weniger verwitterungsanfälligem Gestein überlagert, entstehen je nach Einfallen unterschiedliche Formen von schichtabhängigen Landschaften: 1. Bei einem horizontalen Schichteinfallen entsteht die Form der *Schichttafeln*. 2. Gleichsinniges nicht allzu hohes Einfallen führt letztendlich zu einer *Schichtstufe*. 3. Bei stärkerem Einfallen der Schichten wird die Bezeichnung *Schichtkamm* verwendet. Als *Stufenbildner* wird das verwitterungsanfälligere Gestein bezeichnet. Als *Sockelbildner* folgt darunter das weniger verwitterungsanfällige Gestein (AHNERT 2003: 312). Schichtstufen verfügen wegen des Einfallens der vorhandenen Stufen eine asymmetrische Form. Der oberste Teil der Stufe ist mit einem Steilabfall versehen und wird als *Stufenhang* bezeichnet. Der höchste Teil der Stufenprofils wird als *Stufenfirst* bezeichnet. Falls der Stufenfirst ein besonders markantes Merkmal der Landschaft bildet, ist auch die Bezeichnung *Traufstufe* üblich. Ein abgeschrägter Stufenfirst oder entsprechend zugerundeter First wird in der Schichtstufenmorphologie auch als *Walmstufe* klassifiziert. Wie bereits erwähnt gilt als Voraussetzung der Entstehung einer Schichtstufenlandschaft, dass die entsprechenden Schichten unterschiedlich widerstandsfähig sein sollten und ein leichtes Schichteinfallen vorzuweisen haben sollten. Die Schichtgrenze zwischen Stufen- und Sockelbildner muss an der Oberfläche aufgeschlossen sein (AHNERT 2003: 313).

Abschließend betrachtet gibt es verschiedene Ursachen, die dazu führen können, dass die Schichtgrenze freigelegt worden ist:

1. Die Schichten sind an einer Verwerfung gehoben worden, so dass am Hang der Bruchstufe die Schichtgrenze exponiert ist, oder
2. die Schichten sind von der fluvialen Tiefenerosion durchschnitten worden, so dass die Schichtgrenze an den Talhängen ausstreicht, oder
3. die Schichten werden von einer alten Rumpffläche geschnitten, und beiderseits der Schichtgrenze setzt eine neue gesteinsspezifische Differenzierung von Verwitterung und Abtragung ein. Die Denudationsprozesse könnten z. B. durch eine neue Erniedrigung der regionalen Erosionsbasis wieder aufleben, oder auch im Gefolge einer Änderung des Klimas. (AHNERT 2003: 313)

4 Die Jura-Schichtstufe in Südwest- und Süddeutschland

4.1 Geologie & Abriss der paläogeographische Entstehung der Süddeutschen Schichtstufenlandschaft

Generell dominieren im Süddeutschen Schichtstufenland triassische und jurassische Ablagerungen und Sedimente. Das Süddeutsche Schichtstufenland kann dabei in vier morphologische Stufen mit folgenden entsprechenden Stufenflächen eingeteilt werden: Die 1.Stufe bildet der Buntsandstein über Abtragungsflächen der Grundgebirge und zwar die des Odenwaldes, des Spessarts und des Schwarzwaldes. Die Buntsandsteinschichtstufe stammt dabei teils aus dem mittleren Buntsandstein und teilweise aus dem oberen Buntsandstein. Die 2.Stufe bildet der Muschelkalk. Der untere Muschelkalk ist vor allem im Maingebiet als Schichtstufenfläche ausgebildet. Südlich davon bildet der Hauptmuschelkalk Schichtstufenflächen mit mäßigen Erhebungen. Auf den Hauptmuschelkalk folgt eine Stufenfläche bestehend aus Muschelkalk und Lettenkeuper. Diese Stufenfläche wird durch die Keupersandsteinstufe der Stuttgarter Berge, der Waldenburger Berge, der Frankenhöhe und des Steigerwaldes bis hin zu den Haßbergen abgegrenzt. Die Keuperstufenfläche ist teilweise durch Schichten aus dem Lias überlagert. Die ausgeprägteste Schichtstufe der Schwäbischen und Fränkischen Alb bilden die Weißjura-Kalke. Diese Schichtstufenlandschaft ist wohl schon seit dem Alttertiär existent, wobei einzelne Stufen zu dem Zeitpunkt noch etwas anders als heute lagen. Im Miozän reichten einige Hochflächen der Schwäbischen Alb bis in den Raum Stuttgart hinein (WALTER 2007: 411 – 413).

Abbildung 5 zeigt einen schematischen Hangquerprofilvergleich zwischen der Schwäbischen und der Fränkischen Alb. Von der Stratigraphie her gibt es nur weniger Unterschiede zu erkennen. In der Schwäbischen Alb ist sind die Ausmaße im Vergleich zu Fränkischen Alb wesentlich größer.

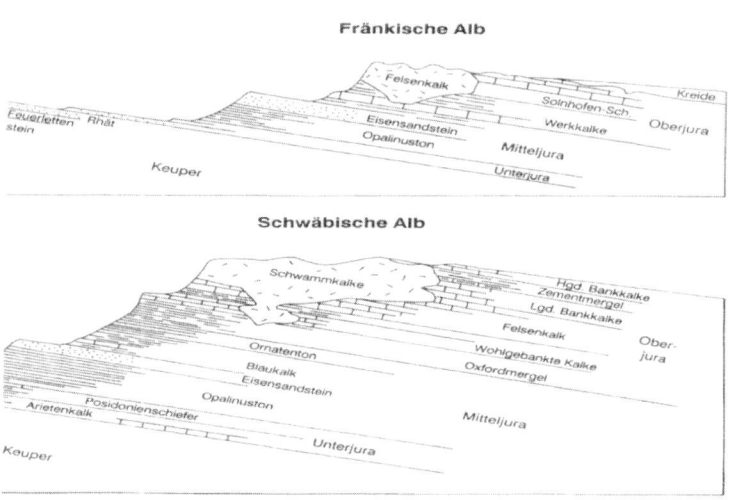

Abbildung 5: Querprofilvergleich zwischen der Fränkischen und der Schwäbischen Alb (WALTER 2007: 413).

Der Höhenzug der Schwäbischen Alb bildet die weiträumigste und bedeutenste Schichtstufenlandschaft in Mitteleuropa mit Höhen zwischen 700 m und 1000 m ü. NN. Ebenfalls stellt das Gebiet der Schwäbischen Alb das Gebiet der größten Heraushebung im Süddeutschen Schichtstufenland dar. In der Mittleren Alb und der Ostalb sind die Schichten relativ flach geneigt und fallen nach Südosten und Südsüdosten ein. In der Westalb hingegen dominiert ein steiles Schichteinfallen und die Schichten fallen ebenfalls nach Südosten ein. Die Albhochflächenstirn der Westalb wird gebildet durch Schichten des Weißjura β. In der Mittleren Alb und Ostalb sind es hingegen Schichten aus dem Weißjura δ sowie Weißjura ε (WALTER 2007: 422). Zusätzlich haben Mergelkalke des Braunen Juras vor der Hauptstufe der Alb eine lokale Bedeutung als Stufenbildner. Der Albtrauf in seiner heutigen Ausbildung war wohl bereits vor dem Pleistozän grob entwickelt bzw. die Morphologie muss wohl in groben Zügen dem heutigen Relief entsprochen haben. Vor der Hauptstufe der Schwäbischen Alb sind einige Zeugenberge gut erhalten wie z. B. der Hohenstaufen oder der Hohenzollern, wobei es noch diverse Weitere gibt. Die Albhochfläche wird durch gebankte Weißjurakalke gebildet, wobei dieser Teil der Alb auch als Schichtflächenalb bezeichnet wird. Einlagerungen einer Riffkalkfazies sorgen morphologisch betrachtet für ein kuppiges Gelände. Dieser Teil der Schwäbischen Alb wird daher auch als Kuppenalb bezeichnet. Am Nordrand der Ostalb gibt es eine tektonische Verwerfungszone – das sog. Fränkisch-Schwäbische Lineament. Zu erwähnen ist auch die Entstehung eines Vulkangebietes im Miozän – das sog. Urach-Kirchheimer Vulkangebiet. Heutzutage ist davon eine Fläche mit einem Radius von 30 km bis max. 50 km übrig geblieben und es sind dort 350 ehemalige Ausbruchshöhlen nachgewiesen, die mit Tuffen sowie Grund- und Deckgebirgstrümmern gefüllt worden sind. Teilweise ist es sogar so, dass diese auch als Härtlinge oberhalb von Braun- und

Schwarzjuraschichten herausragen. Der Vulkanismus im Hegau fand wohl zur gleichen Zeit statt, was petrographische Untersuchungen bewiesen hatten. Die Hauptaktivität dieses Vulkanismuses war vor ca. 7 Ma bis 14 Ma. Diese Vulkanaktivität begann mit der Förderung von Deckentuffen, die heute noch Mächtigkeiten von bis zu 100 m vorzuweisen haben. Im späteren Verlauf der Aktivität kam es auch zum Austreten basaltischer Schmelzen, die von der Zusammensetzung in einer Mischreihe zwischen Melilith und Nephenelithen anzusetzen waren, wobei diese heute die Hauptgesteine im Hegau bilden (WALTER 2007: 422 – 424).

Die Jura-Schichten bilden die Schichtstufenlandschaft in der Schwäbischen Alb und ihrem Vorland. Morphologisch gesehen erfolgt im Südwesten der Anschluss an den Hochrhein und den sich faziell unterscheidenden Schweizer Jura. Östlich der Schwäbischen Alb folgt im Anschluss die Fränkische Alb bzw. entsprechend auch der Fränkische Jura. Die Gesamtjuramächtigkeit liegt bei bis zu 900 m in der mittleren Alb, wobei die Mächtigkeit nach Süden und Osten abnimmt: In diesen Bereichen der Schwäbischen Alb beschränkt sich die Mächtigkeit auf 700 – 750 m. Insgesamt gesehen zeichnet sich die Schwäbische Alb durch eine hohe Fossiliendichte aus und ist daher paläontologisch auch sehr gut erschlossen worden. Archäologische Funde bewiesen, dass z. B. schon die Menschen der Altsteinzeit Jurafossilien als Schmuck und als Zaubersteine verwendet haben müssen. Viele wissenschaftliche Werke zur Paläontologie haben ihren Bezug insbesondere anhand von Fundstücken aus der Schwäbischen Alb erhalten (GEYER & GWINNER 2011: 209). Eine Übersicht über die stratigraphische Einteilung des Juras in Baden-Württemberg und damit auch in der Schwäbischen Alb liefert Tabelle 2. Die im Verlauf des Kapitels erwähnten markanten Gesteinsschichten und Einteilung sind dort noch einmal zusammengefasst.

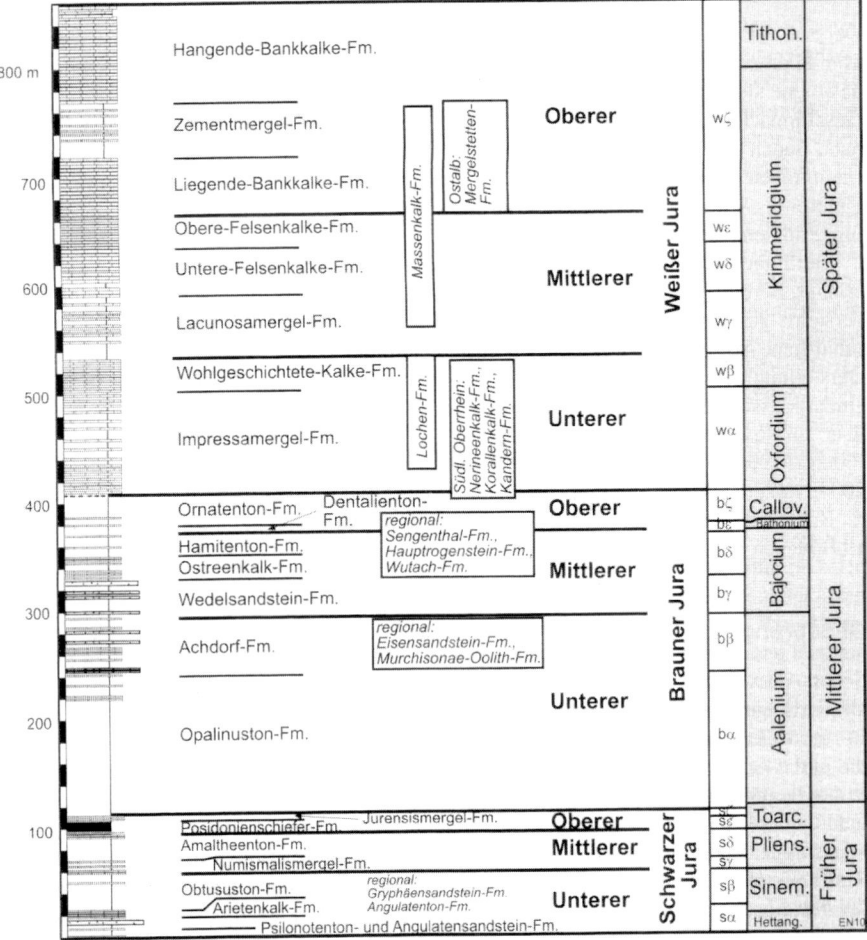

Tabelle 2: Stratigraphische Übersicht über den Jura in Baden-Württemberg (GEYER & GWINNER 2011: 210).

Zu Beginn des Juras (200 Ma) ist eine Transgression des Meeres datiert und vor allem auch im Gebiet des heutigen Süddeutschlands ist eine Meerestransgression unumstritten (HAQ et al. 1987: 1163, HALLAM 1992 zit. in GWINNER & GEYER 2011: 209). Der Meeresspiegelanstieg zu Beginn der Jura-Zeit ist vermutlich auch eine Fernwirkung gewesen, die durch den langsam sich öffnenden Atlantischen Ozean induziert worden war. Das Süddeutsche Jurameer war vermutlich Teil eines Epikontinentalmeeres, das mit mehreren Inseln versehen gewesen ist. Vermutlich war diese genannte Paläogeographie zu Beginn der Jurazeit prägend für weite Bereiche Europas gewesen. Dieses Epikontinentalmeer war ein Nebenmeer zum ozeanischen Golf des Thethys-Ozeans im Südosten. Die Wassertiefen waren denen der heutigen Nordsee sehr ähnlich und bewegten sich in Tiefenbereichen zwischen 20 m und 150 m. Das Süddeutsche Jurameer war ständigen Veränderungen ausgesetzt und dies äußerte sich vor allem in unterschiedlichen Absenkungs- und Sedimentationsraten (GEYER & GWINNER 2011: 209).

Gegen Ende der Jurazeit kam es zu einer erneuten Heraushebung des Gebietes des heutigen Süddeutschlands über den Meeresspiegel, was vor ca. 145 Ma gewesen ist (GEYER & GWINNER 2011: 211).

Ebenfalls ist die Schwäbische Alb stark von Verkarstungsprozessen betroffen, wobei das erste Karststockwerk durch Kalke des Weißjura β gebildet wird. Die höher liegenden Karstbänke werden gebildet durch die stratigraphisch später folgenden Kalke des Weißjura δ - Weißjura ζ. Der Verkarstungsprozess setzte bereits zum Ende der Kreidezeit ein und zog sich hin bis zum Pleistozän. Morphologisch drückt sich die Verkarstung in Trockentalzügen, Dolinen und einer großen Zahl von Höhlen und abflusslosen Kesseltälern aus. Die Verkarstung des Oberjuras z. B. führte im Hegau zur heute bekannten Donauversickerung zwischen den Orten Immendingen und Beuren. Im weiteren Verlauf gibt es noch eine weitere Donauversickerung in Schichten des Weißjura β bei Immendingen und ein Austreten der Donau im ca. 12 km weiter und 183 Höhenmeter tiefer gelegenen Aachtopf in Schichten des Weißjura ζ. Die dort gelegene Aachquelle ist gleichzeitig die größte Karstquelle Deutschlands (WALTER 2007: 424 - 425).

4.1.1 Geologie des Schwarzen Juras

Oberhalb von bunten Gesteinseinheiten des Keupers setzen in Südwest- und Süddeutschland dunkel-farbige bis hin zu dunkelgrauen Schichten des sogenannten „Schwarzen Juras" an. Der untere Bereich ist dabei geprägt durch Kalksteine, wobei vorher noch einmal vor allem Tonmergel- und Mergelsteine charakteristisch für den Schwarzen Jura sind. Im bergfrischen Zustand überwiegt ein sehr kalkhaltiges Bindemittel, was in der Form nicht so oft vorkommt und eine Besonderheit des Schwarzen Juras in Süddeutschland darstellt. Oberhalb der Schichten befindet sich heutzutage ein sehr fruchtbares Hügelland, welches von Ackerbau und Wiesenwirtschaft geprägt ist. In Baden-Württemberg befinden sich die Schichten des Schwarzen Juras zwischen den bewaldeten Keuperbergen im Norden und Westen und dem Anstieg zur Schwäbischen Alb im Südosten. Prägende Gesteine des Schwarzjuras sind die Angulaten-Sandsteine, so wie die Arietenkalke. Beide Gesteine zeigen sich morphologisch oftmals als eine lössbedeckte Schichtstufenfläche. Weitere Schichtstufenflächen werden auch durch harte bituminöse Mergelsteine gebildet, wobei diese Schichtstufe kleineren Ausmaßes ist als die Schichtstufe der Arietenkalke oder der Angulaten-Sandsteine. Der Schwarzjura ist im Untergrund der schwäbischen Alb mittels Bohrungen mehrfach nachgewiesen worden. Die größte Mächtigkeit wurde dabei in der Fränkischen Senke mit insgesamt bis zu 200 m Mächtigkeit des Schwarzjuras nachgewiesen. Im Vorland der mittleren Schwäbischen Alb gibt es eine Mächtigkeit des Schwarzjuras zwischen 100 m und maximal 200 m. Östlich von Aalen geht die Mächtigkeit um einen erheblichen Betrag runter und in diesem Teil der Ries-Tauber-Schwelle ist lediglich eine Mächtigkeit von rund 50 Metern des Schwarzjura nachweisbar(GEYER & GWINNER 2011: 217). In Anlehnung an die Untersuchungen von QUEENSTEEDTS (1843) wird lithostratigraphisch in drei Untergruppen mit 10 Formationen unterschieden: Dabei gibt es die Unterteilung in unterer, mittlerer und oberer Schwarzjura (GEYER & GWINNER 2011: 219). Die Einteilung mit den typisch vorkommenden Formationen ist in Tabelle 3 dargestellt.

Einheit	Formationen
Unterer Schwarzjura	*Psilotenton, Angulatenton, Angulatensandstein, Arietenkalk, Gryphäensandstein, Obtususton-Formation*
Mittlerer Schwarzjura	*Numismalismergel, Amaltheenton-Formation*
Oberer Schwarzjura	*Posidonienschiefer, Jurensismergel-Formation*

Tabelle 3: Darstellung der einzelnen Untereinheiten des Schwarzjuras und der typisch vorkommenden Formationen (Quelle: Eigene Darstellung nach GEYER & GWINNER 2011: 219, BLOOS et al. 2006, LGRB 2010)

Die Psilonotenbank ist eine sehr wichtige Diskordanz auf verschiedenen Ablagerungen des oberen und mittleren Keupers. Faktoren, die zur Ablagerung der Schwarzjura-Sedimente geführt haben sind unter anderem Meeresströmungen, Gezeitenströmungen sowie damals grundlaufende Sturmwellen (GEYER & GWINNER 2011: 223).

4.1.2 Geologie des Braunen Juras

Bezüglich der Geologie hat der Braunjura durchaus einige Ähnlichkeiten zum Schwarzjura in Süd- und Südwestdeutschland vorzuweisen: Es dominieren dunkelgraue Tonmergelsteine, die immer wieder von grauen Kalksteinbänken durchzogen sind. Dazwischen kommt es durchaus vor, dass eisenoolithische Sand- und Kalksteine zwischengeschaltet sind, was besonders häufig in Schichten des mittleren Braunjuras zu beobachten ist. Der zwischengeschaltete Sandstein kann im Mittleren Braunjura durchaus erwähnenswerte Mächtigkeiten erreichen. Morphologisch betrachtet bilden die Schichten des Braunjura den Fuß bzw. die Vorhügel der Schwäbischen Alb. Eine besondere Morphologie gibt es dabei beim sogenannten „Ludwigienton" und dem „Opalinuston" aus der Achdorf-Formation des unteren Braunjura: Die Morphologie oberhalb dieser Schichten ist durch ein unregelmäßiges Hügelland und gewundene Tobeltäler gekennzeichnet (GEYER & GWINNER 2011: 245). Die zentral in der Mitte der Abfolge gelegenen Sandstein- und Kalksteinabfolgen bilden in der Regel auch noch eine in sich gestaffelte Schichtstufe (DONGUS 1977: 65, GEYER & GWINNER 2011: 245).

Der Blaukalk der Wedelsandstein-Formation bildet in der Mittleren Alb die einzige deutliche Schichtstufe des Braunjuras, wobei diese Verebnungsflächen von Ackerbau geprägt sind und sich so deutlich von der restlichen Landschaft des Braunjuras unterschieden. In der Südalb bildet die kalkige Humphriesoolith-Formation immer mal wieder Schichtstufen aus und leitet letztendlich weiter zum Anstieg des Albrandes, der durch eine steile Morphologie und zahlreiche Hangrutschungen geprägt ist. Dort, wo der Braunjura in der Schwäbischen Alb oder dem nahegelegenen Molassebecken nicht aufgeschlossen ist, wurde dieser mittels Bohrungen fast flächendeckend unterhalb dieser Systeme nachgewiesen (GEYER & GWINNER 2011: 245). Was die Mächtigkeit angeht, so sind deutlich größere Mächtigkeiten im Vergleich zum Schwarzjura festzustellen. Die durchschnittliche Mächtigkeit des Braunjuras beträgt fast das Doppelte im Vergleich zum Schwarzjura: In der Mittleren Schwäbischen Alb (Raum Reutlingen/Urach) erreicht dieser Mächtigkeiten von mehr als 300 m. Zur Ries-Tauber-Schwelle hin fallen die Mächtigkeiten ab und es sind dann nur noch Werte von ca. 220 m bis 200 m festgestellt worden. Auch der Braunjura lässt sich lithostratigraphisch in drei Untergruppen einteilen, wobei auch im Braunjura mehrere Formationen bekannt und benannt sind(GEYER & GWINNER 2011: 246). Nun folgend eine Übersicht in Tabelle 4 über eine Auswahl der wichtigsten Formationen und Ablagerungen des Braunjuras im Gebiet der Schwäbischen Alb.

Braunjura-Unterstufe	Ablagerungen / dominierende Fazies
Dogger α	*Opalinuston-Formation*
Dogger β	*Faziesdifferenzierung, tonige Beckenfazies, südliche & mittlere Alb: Achdorf-Formation; Ostalb: sandige-oolithische Schwellenfazies Formation*
Dogger γ	*Wedelsandstein-Formation*
Dogger δ	*Tonig-kalkige Zentralfazies, Ostreenkalk, Hamitenton-Formation*
Dogger ζ	*Gleichmäßige Tonsedimentation, Dentalienton, Variansmergel-Formation*

Tabelle 4: Zusammenstellung der wichtigsten Formationen & Ablagerungen aus dem Braunjura in der Schwäbischen Alb (Eigene Darstellung nach GEYER & GWINNER 2011: 247-248).

Biostratigraphisch gesehen entspricht der Braunjura dem mittleren Jura, wobei aber im Bereich der Schwäbischen Alb auch ein Hineinreichen in den frühen und späten Jura festgestellt worden ist. Die Grenze zwischen Braun- und Schwarzjura wird mit der Grenze zwischen der Jurensismergel-Formation und der Opalinuston-Fazies beschrieben. Typische Fossilien für die Braunjurasedimente sind Meeressaurier, Meereskrokodile sowie verschiedene Fischarten (GEYER & GWINNER 2011: 247 – 248). Die Ablagerungsbedingungen waren wohl so, dass die entsprechenden Tonfaziesserien im Beckenbereich 10 – 15 m unterhalb der Wellenbasis entstanden sind d.h. es ist von flachmarinen Ablagerungebedingungen auszugehen. Die Sedimentation hatte ein Absinken auf 20 – 50 m unterhalb der Wellenbasis zur Folge, wenn starke Sturmwellen aufgetreten sind. Die größten Wassertiefen sind für die Tonfaziesserien des Unteren Braunjura in der Opalinuston- und der Achdorf-Formation und für den Oberen Braunjura beim Ornatenton belegt (GEYER & GWINNER 2011: 251 – 252).

4.1.3 Geologie des Weißen Juras

Im Weißjura überwiegen in der Gesamtbetrachtung mikritische mit tonigen Einlagen mergelige Kalksteine, die teilweise von Zwischeneinlagen von Mergelsteinen unterbunden werden. Die

Wichtigkeit von Fossilien schwankt relativ stark und hat eine Bandbreite von selten bis hin zu gesteinsbildend vorzuweisen. In manchen Bänken dominieren Trümmerkalke mit Bänken von Intraklasten. Die Dominanz der bereits genannten Kalkstein-Mergelstein-Wechselfolgen hatte eine Aufgliederung der entsprechenden Formationen nach diesen Wechselfolgen zur Folge. Morphologisch bildet der Weißjura den Ausstrich der Hochflächen der Schichtstufe vor allem am Nordrand der Schwäbischen Alb. Das Vorkommen der Weißjuras ist aber auch anhand von Zeugenbergen wie z. B. dem Achalm oder dem Hohenstaufen nachgewiesen. Auf den Hochflächen der Schwäbischen Alb herrscht ein relativ raues Klima und daher werden die Flächen kaum landwirtschaftlich genutzt. Meistens ist die einzige Nutzform die Weidewirtschaft in Form der Wanderschäferei, die wiederum sehr weit verbreitet ist. Die Mächtigkeit des Weißjuras in der Schwäbischen Alb variiert zwischen 250 m in der Westalb bis hin zu bis zu 470 m in der Ostalb (GEYER & GWINNER 2011: 270 – 271).

4.2 Kurze Einführung in die Geomorphologie des Süddeutschen Schichtstufenlandes

In der Geomorphologie gilt Süddeutschland als eine klassische Schichtstufenlandschaft, die geprägt durch weiträumige Reliefpartien ist, die wiederum von bis zu 100 m hohen Schichtstufen eingegrenzt werden. Diese Reliefentwicklung geht auch auf eine durchgängige Sedimentation im Mesozoikum zurück (SEMMEL 1994: 540), deren heutiges geologisches Erscheinungsbild bereits in Kapitel 4.1 beschrieben worden ist.

Zu den *Jurastufenländern* gehören die Schwäbische und die Fränkische Alb und ihre aus ähnlichem Gesteinsmaterial aufgebauten Vorländer. Die Hochflächen der Alb werden durch Schichten des Dogger und des Malms aufgebaut (vgl. Kapitel 4.1) und überragt deutlich das Vorland so wie oftmals die Keuperstufe. Westlich des rund 20 km langen Meteoritenkraters des Nördlinger Rieses beginnt die Schwäbische Alb, wobei im Vergleich zur Fränkischen Alb die absolute Höhe in der Schwäbischen Alb höher ist. Die Schwäbische Alb erreicht Höhen von 700 m ü. NN in Braunenberg bis hin zu 1000 m ü. NN in Lemberg bei Rottweil. Die Jurastufe zeigt in ihrem Verlauf unterschiedliche Ausartungen, wobei im Lias vor allem die bereits erwähnten Angulatensandsteine und Arietenschichten an vorderster Front zu nennen sind (SEMMEL 1994: 564).

Die Südwestalb liegt tektonisch gesehen um bis zu 400 m höher als die Ostalb, sodass die Braunjurastufe im rheinisch geprägten Trauf absolute Höhen von bis zu 860 m ü. NN erreicht. In der Mittleren Alb werden bezüglich der Braunjurastufe Höhen von 550 – 600 m ü. NN erreicht. AUCH DIE Stufe der Weißjurakalke ist in der Südwest-Alb mit Höhen um die 1000 m ü. NN wesentlich höher als in der Ostalb(um ca. 600 m ü. NN). Diese Grundzüge der Schwäbischen Alb sind auf tektonische Ursachen zurückzuführen. Die heute vorliegende Schichtlagerung geht auf Bewegungsvorgänge aus dem Obermiozän und dem Post-Obermiozän zurück. Im Braund- und Weißjura ist der Albtrauf eine getreppte Schichtstufe. Das Relief wird anhand von Flächen- und Kuppenalb untergliedert, wobei auch noch der Wechsel zwischen massigen und geschichteten Weißjura-Kalken entscheidend ist. Die Ausbildung des Weißjuras ist am Albrand vorwiegend als eine Schichtfazies zu bezeichnen. In Schichten des Mittleren Weißjuras hingegen dominieren massige Faziesserien bestehend aus Schwamm-, Algen-, und Riffmaterialkalken (DONGUS 2000: 127-128).

Die Albvorberge werden durch verschiedene unterschiedliche widerstandfähige Schichten des Unteren und Mittleren Braunjuras aufgebaut, wobei Mächtigkeiten von ca. 250 m im Albtrauf der Südwestlichen und Mittleren Alb erreicht werden. In der Ostalb sind es hingegen Mächtigkeiten von 150 m bis 170 m, die für den Unteren und Mittleren Braunjura nachgewiesen sind. Die Braunjuraschichtstufe z. B. von Gosheim und Deilingen verfügt über eine dreifache Stufung. Oberhalb der Braunjurasandsteine folgen Blaue Kalke so wie Ostreenkalke, die wiederum zwei deutliche erkennbare Teilstufen einer jungtertiären altpleistozänen Traufbucht der Bära bilden. Die vorher vorhandenen Oberlauftäler bei Dellingen und Gosheim sind mittels fluvialer Erosion der Schichten durch die Flüsse Starzel und Prim abgetragen worden. Dort sind die größten Weißjurazeugenberge in der Schwäbischen Alb erhalten geblieben wie z. B. der Lemberg (1015 m ü. NN), der noch Weißjurakalkreste vorzuweisen hat. Im Bergland von Zillhausen erhält die Braunjurastufe eine größere Breite, wobei die Erhebungen Höchst (803 m ü. NN) und Geißberg (791 m ü.NHN) zu erwähnen sind. Vom Aufbau her gesehen ähneln die Braunjuraschichtstufen in diesen Gebieten derer aus der Umgebung Gosheim. In der Mittleren Alb ist der Braunjura zunehmend mehr aus Sandsteinen und Blaukalken zusammengesetzt. Eine geschlossene Schichtstufe ist dabei zwischen dem Tiroler Topf (697 m ü. NN)am Heufeldtrauf, über dem Firstberg (600 m ü. NN) bei Öschingen bis hin zum Plattach (553 m ü. NN) vorzufinden. Bei Letztgenanntem liegen pleistozäne Bergrutschtrümmer des Köpfles (593 m ü. NN) auf der Schichtstufe (DONGUS 2000: 131).

Die Weißjurastufen sind vorwiegend als Albtrauf zwischen der Baar und dem Heufeld ausgebildet. Es gibt einen signifikanten Anstieg der Morphologie anhand des Schichtstreichens von Länge (900 m ü. NN) bis hin zum Lemberg (1015 m ü. NN) und fällt letztendlich bis hin zum Dreifürstenstein (854 m ü. NN) wieder ab. Dabei neigen sich die Stufendachflächen mit 1,3 % bis 1,6 % in Richtung Südosten. Die Differenzierung der Reliefs erfolgt faziell: Obere Braunjuratone sind im Stufensockel zu finden. Zahlreiche Bergrutsche sind aus Schichten der Ornatentone bekannt, die ein Riedband ausbilden. Eine Schichtstufenausbildung gibt es aber nur in Schichten mit entwickelter Schichtfazies. Die Fazieseinheiten mit ausgebildeter Massenkalkfazies bilden keine Schichtstufe, sondern Kuppen aus (DONGUS 2000: 133). Oftmals werden die Ornatentone zusätzlich durchfeuchtet und zwar durch Kluftwässer aus Oberjurahangschutt sowie den oberliegenden Kalk- und Mergelsteinen. In der Mittleren und der Westlichen Alb kann der Ornatenton relativ mächtig werden (ca. 35 m Mächtigkeit) und es werden infolge der jungen fluvialen Erosion durch neckartributäre Flüsse immer wieder Rutschungen ausgelöst wie z. B. am 12. April 1983 am Hirschkopf bei Mössingen (WAGENPLAST 2005: 44).

Die Weißjurastufe beginnt an der Südwestalb mit einer Kalkplatte, die durch Donauzuflüsse untergliedert wird. Die Mittleren Weißjurakalke bilden die Albtraufkante zwischen dem Riedernberg bei Wilmandingen bis zum Härtsfeldtrauf bei Lauchheim aus. Im Mittelmiozän gab es wohl eine größere Ausdehung der Mittleren Weißjurakalke, die aber größtenteils in Neckarnähe abgetragen worden sind. Eine 80 m hohe Schichtstufe über der Bölletalalbhochfläche wird von geschichteten Mittleren Weißjuramergeln mit darüber liegenden Unteren und Oberen Felsenkalken gebildet, die am Heersberg (954 m ü. NN) und dem Kugelbergle (954 m ü. NN) vorzufinden sind (DONGUS 2000: 134-135).

Die Albhochfläche besteht aus Stufenflächen des Unteren Weißjurakalkes. Die Tafelrumpfflächen bestehen aus Formationen der Mittleren Weißjurakalke und verfügen über eine Abdachung nach Nordosten und Südosten, die sich in zwei traufparallele Streifen aufgegliedert haben. Bis zur nach Südost gewandten Kliffstufe bildet sich vom Albtrauf her gesehen die Kuppenalb aus, wobei sich südlich der Kliffstufe die Flächenalb beginnt (DONGUS 2000: 136).

Zwischen dem Faulbachtal und dem Südalbuch gibt es ein Hügelhochland, welches sich zwischen dem Trauf der Mittleren Weißjurakalke und den massigen Kalken des Mittleren und Oberen Weißjura befindet (DONGUS 2000: 137).

4.3 Fallbeispiele für Massenbewegungen in der Schwäbischen Alb

4.3.1 Massenbewegung am Schönberger Kapf bei Öschingen in der zentralen Schwäbischen Alb und seine Auswirkungen auf die örtliche Bebauung

Eine wissenschaftlich untersuchte Massenbewegung mit einer Flächenausdehnung von etwa 1,3 km² befindet sich in der zentralen Schwäbischen Alb bei Öschingen. Die lokale Topographie ist die einer typischen Schichtstufenlandschaft. Die eigentliche Topographie sieht so aus, dass dort flache Hänge mit Schichten aus dem Mittleren Jura (Callovian, bis 650 m ü. NN) ausgebildet sind. Es folgen steilere Hänge bestehend aus Oxford-Mergeln (*Ox 1*) bis zu einer Höhe von 720 m ü. NN. Die steilste Stufe bildet der Oxford-Kalkstein (*Ox 2*) aus, der auch gleichzeitig auf etwa 800 m ü. NN ein Hochplateau ausbildet. Überlagert wird das Plateau von Kimmeridge-Mergeln (*Ki 1*) (TERHORST 1997 zit. in SASS et al. 2008: 91). Der jährliche mittlere Niederschlag in dieser Region der Schwäbischen Alb erreicht Summen von 800 mm bis 900 mm (DWD 2012). Eine geographische Einsortierung der Region bei Öschingen liefert die Abbildung 6.

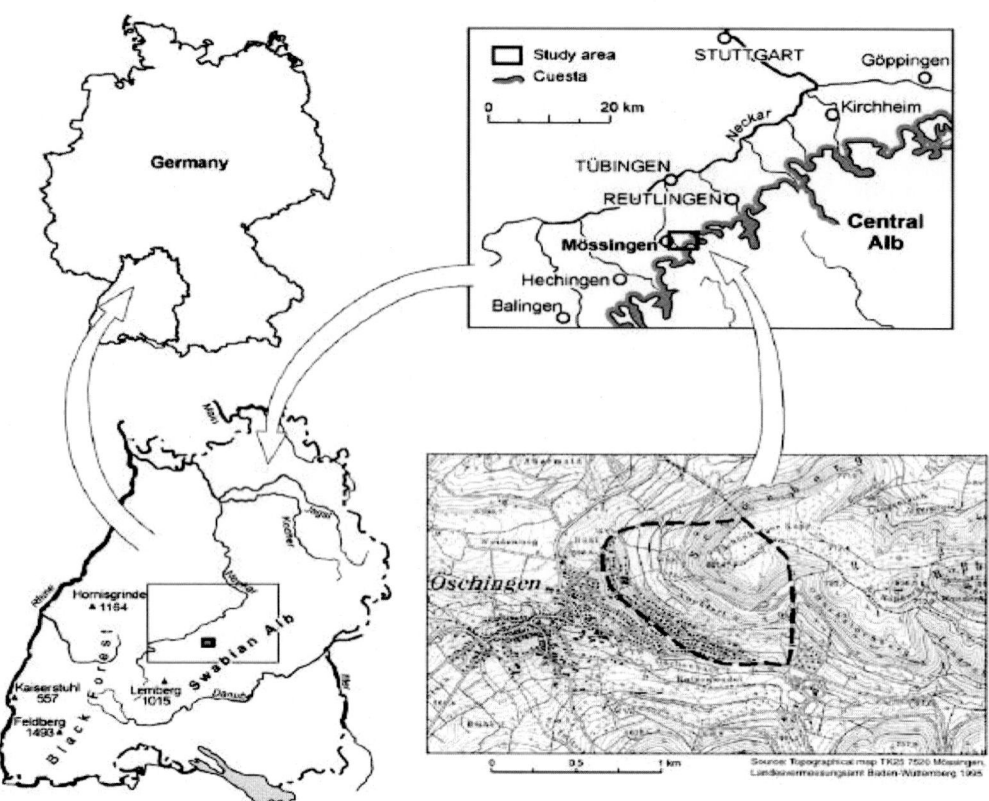

Abbildung 6: Lokation des Massenbewegung des Schönberger Kapfes bei Öschingen in der zentralen Schwäbischen Alb (SASS et al. 2008: 91).

Die Öschinger Massenbewegung vollzog sich anhand einer Gleitfläche an der Ostflanke des Hanges. Dabei zeigt der Massenbewegungskomplex zwei bis drei Massenbewegungsblöcke, die sich übereinander befinden. Daher ist auf den ersten Blick nicht ganz eindeutig, um was für eine Art von Massenbewegung es sich handeln könnte. Heutzutage sind Großteile der Rutschungsfläche mit einer dichten Waldvegetation bedeckt. Auf die Massenbewegungsfläche erfolgte der Bau von Häusern in den 1960er und 1970er Jahren. Einige der dort errichteten Gebäude zeigen offensichtliche Schäden, die eventuell durch die Rutschungsbewegung verursacht worden ist (SASS et al. 2008: 91).

Am Unterhang der Juraschichtstufe, der als rutschungsgefährdet gilt, kam es in der jüngsten Vergangenheit zur einer Ausweisung und Erschließung eines neuen Baugebietes: Gewann Auchtert. Erste Schäden sind in den entsprechenden Gebäuden bereits aufgetreten. Der größte Teil des Bauchgebietes Auchtert befindet sich in den Oberen Braunjuratonen, die sich direkt unterhalb einer beachtlichen Rotationsscholle befinden. Der Untergrund wird vorwiegend aus ehemaligen Rutschungsmassen gebildet. Zusätzlich gibt es eine Rinne, die vom Schönberger

Kapf hin zum Baugebiet direkt hinführt und episodisch wasserführend ist. Die meisten Hausschäden wurden am Fuß der großen Rotationsscholle festgestellt, der zwischenzeitlich vollständig bebaut gewesen ist (KREJA & TERHORST 2005: 397 - 398). Einen Überblick über den Schönberger Kapf, die Lage des Baugebietes und seinen Hangquerschnitt liefert die folgende Abbildung 7. Erkennbar sind unter anderem auch noch Quellhorizonte und die Lage der Blockrutschung auf der fossilen Gleitfläche.

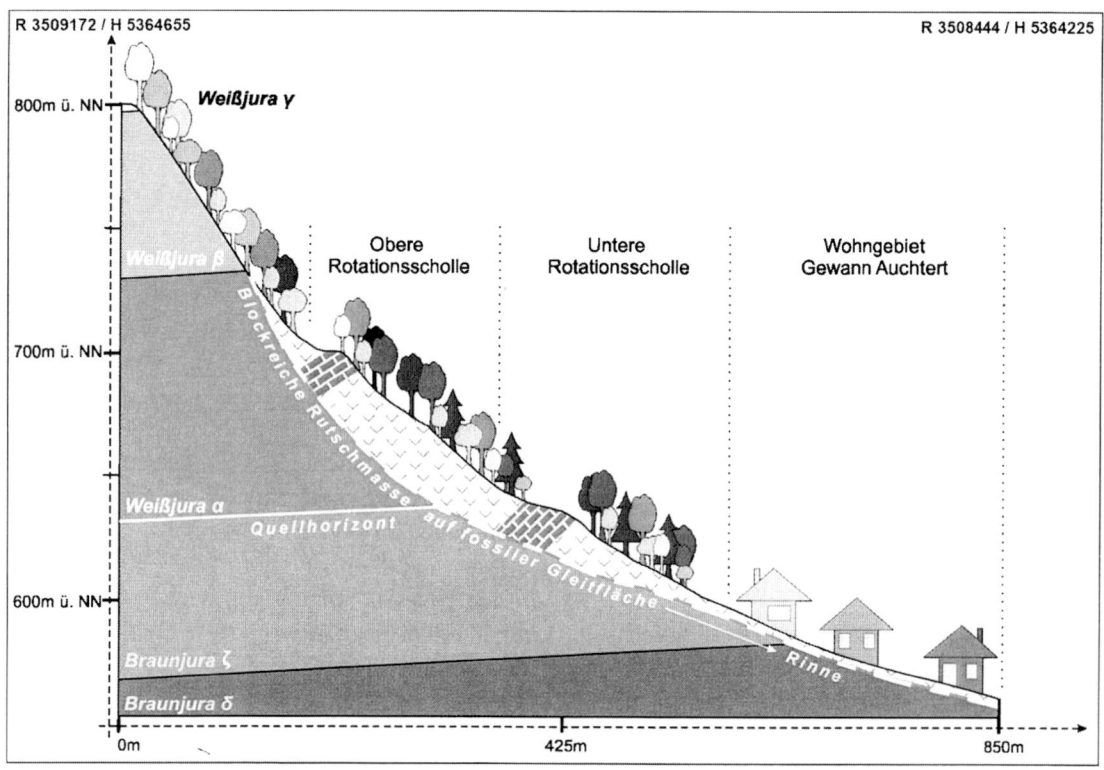

Abbildung 7: Hangquerschnitt der Rotationsschollen am Schönberger Kapf bei Öschingen (3-fach überhöhte Darstellung) (KREJA & TERHORST 2005: 398)

Weiterhin ist das Gebiet bereits geomorphologisch kartiert worden und eine dieser Kartierungen zeigte eine große Rotationsscholle östlich des bereits genannten Baugebietes Gewann Auchtert. In Form einer deutlich sichtbaren Hangleiste tritt die Rutschung auf einer Höhe von 640 m ü. NN deutlich hervor, wobei diese Ausmaße in Form von 350 m Länge und 70 m Breite vorzuweisen hat. Mittels einer Bohrung des Geologischen Landesamtes im Jahre 1976 wurde festgestellt, dass die dazugehörende Gleitfläche sich in einer Tiefe von ca. 18 m befindet. Vergleiche mit anderen Rutschungsmassen in der Schwäbischen Alb führen zu der Erkenntnis, dass der Rutschkörper am Schönberger Kapf mit zu den größten in der gesamten Schwäbischen Alb zu zählen ist. Auf der einer Höhe von 700 m ü. NN konnte eine weitere große Rotationsscholle erfasst werden. Es ist davon auszugehen, dass beide Rutschungen einen Schollenkomplex bilden, der seine Genese wohl im Pleistozän hat. Die bereits erwähnte Rinne fungiert als Entwässerungsbahn der unteren aus dem Pleistozän stammenden Rotationsscholle und führt letztendlich durch den vermehrten Wasserzufluss zu einer daraus ableitbaren geringeren Scherfestigkeit des entsprechenden Hangabschnittes. Zwischen den beiden Rotationsrutschungen aus dem Pleistozän wurden auch im Zwischenraum mehrere Translationsrutschungen erfasst und kartiert (KREJA & TERHORST 2005: 399).

Da diese Rutschungsanfälligkeit dieses Hanges aber bereits schon länger bekannt ist, wurde z. B. im Jahr 1967 bereits ein geologisches Gutachten bezüglich der Hangstabilität durchgeführt. Das Gutachten lieferte das Ergebnis, dass der Hang grundsätzlich als ein in Ruhe befindlicher Hang anzusehen ist, wobei es aber auch strikte Auflagen an den entsprechenden Bauträger gegeben hat. In den Auflagen wurde darauf hingewiesen, dass eine großflächige Bodenbewegung möglichst zu vermeiden sei. Des Weiteren gab es die Empfehlung Drainagen und Entwässerungsbrunnen bei den Baumaßnahmen anzulegen. Trotz aller Hinweise, erfolgte im Jahr 1973 bei der Erschließung des Baugrundstückes eine 500 m³ große Bodenraum umfassende oberflächennahe und hangparallele Translationsrutschung, die sich am Fuße der pleistozänen Rotationsscholle befand. Von dieser Translationsrutschung war eine Fläche von 6.000 m² betroffen und hatte eine Erstreckung in der Tiefe von 1,5 m bis 4,5 m in der Nähe einer fossilen und deutlich sichtbaren Gleitfläche. Trotz der Translationsrutschung wurde im Nachhinein die Bebauung durch die Stadt Mössingen weiter angetrieben, obwohl es in Baugruben immer wieder zu kleinen Rutschungen gekommen ist. Im Jahr 1980 wurden mehrere Terrassenhäuser in der Entwässerungslinie der pleistozänen Rotationscholle errichtet. Auch nach 1984 wurde der Bau durch die Stadt vorangetrieben, obwohl sich bereits die wenige Kilometer entfernte Großrutschung am Hirschkopf ereignete. In den Jahren 1996 und 1997 waren die ersten Spalten und Risse am untersten Wohngebäude (Lembergweg 11) ersichtlich im Baugebiet Gewann Auchtert. Neben den Bauschäden gibt es bis heute Schäden auf Straßen und Wegen in Form von Rissen bzw. Spalten. Bei Treppenstufen sind immer wieder Verkippungen vorzufinden (KREJA & TERHORST 2005: 399).

Letztendlich ist mittlerweile eine oberflächennahe geomorphologische Kartierung erfolgt und die Ergebnisse dieser Kartierung von KREJA & TERHORST (2005: 400) in der folgenden Abbildung 8 dargelegt. Deutlich sichtbar wird die vorhandene lokale Morphologie sowie die vorhandenen Abrissnischen am Schönberger Kapf.

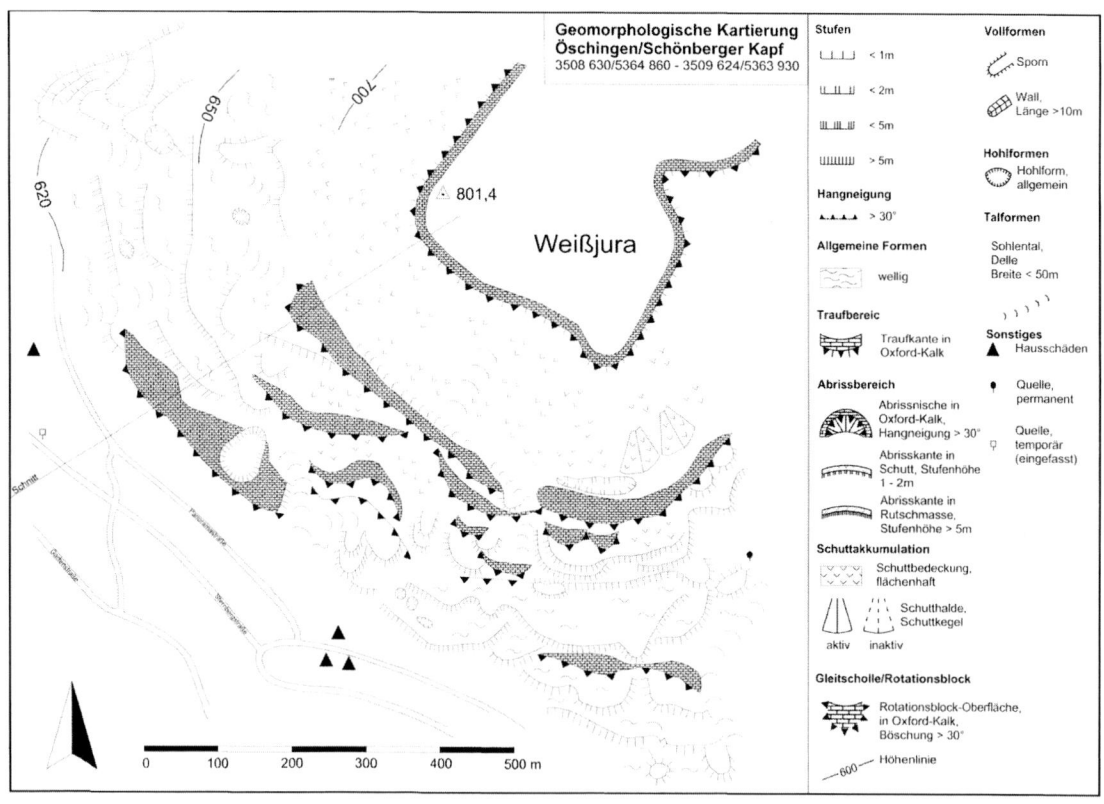

Abbildung 8: Geomorphologische Kartierung des Schönberger Kapfes bei Öschingen (KREJA & TERHORST 2005: 400)

Um weitere Gefährdungen für das Wohngebiet Auchtert festzustellen, ist eine GIS-gestützte Gefährdungskarte erstellt worden, wobei dort die Grundlagen des Hangstabilitätsmodells SINMAP (*Stability Index Mapping*) von TARBOTON (1997) und GOODWIN et al. (1999) Verwendung gefunden haben (KREJA & TERHORST 2005: 401). Das entsprechende Modell eignete sich besonders am Schönberger Kapf, da dort die entsprechenden hydrogeologischen Grundvoraussetzungen passen: Der Obere Braunjura fungiert als Quellhorizont zu den darauffolgenden Schichten des Weißjura und ist somit auch maßgeblich für die Rutschungsgefährdung der unteren Bereiche des Hanges. Neben den Substrateigenschaften ist auch das Relief zu nennen, die beide einen Einfluss auf die Rutschungsgefährdung haben. Die geomorphologische Kartierung verlief zunächst in der Form, dass zunächst auf der Grundlage von morphologischen und geologischen Gegebenheiten diverse Kalibrationsgebiete (*Calibration Regions*) räumlich eingeteilt worden sind. Des Weiteren erfolgte auch eine Spezifizierung des Kalibrationsgebietes nach dem Winkel der inneren Riebung (φ), der Kohäsion (C) und der hydraulischen Leitfähigkeit (T oder T/R). Eine weitere Abgrenzung des Kalibrationsgebietes wurde mithilfe einer Gesteins- und Vegetationsklassifizierung erstellt. Der Bestand des Waldes wurde aus digitalen Orthobildern erfasst. Vor allem ist die Erfassung der Vegetation in der Form wichtig, dass bei Wald-Vegetation eine um bis 10 N / n² höhere Kohäsion wirkt als im Vergleich zu baumfreien Gebieten (vgl. SIDLE & WU 1999). Zur weiteren Bewertung der Hangstabilität ist die Berechnung des Bodenfeuchteindexes, der das Einzugsgebiet, die Hangneigung und die spezifische hydraulische Leitfähigkeit beinhaltet, notwendig. Die mit einem GIS-System erstellte Karte unterscheidet in permanenter Bodenwassersättigung, tendenzieller Bodenwassersättigung, lokaler Vernässung und überhaupt keine Bodenwassersättigung. In den oberen Hangbereichen dominieren bis zur Schichtgrenze zwischen Oberen Braunjura und Weißjura α Hohlformen, die sehr wassergesättigt sind. Eine laterale Verbreitung der Bodenfeuchte setzt am Übergangsbereich hin zum wasserstauenden Oberen Braunjura an. Die zunehmende Bodenwassersättigung ist auch anhand von Funden von Vernässungsstellen und Quellen nachvollziehbar und bereits bestätigt. Die höhere Bodenfeuchte im Fußbereich der pleistozänen Rutschscholle wurde auch über Rechnungen bestätigt, die auch mit den Untersuchungen von TERHORST 1997 übereinstimmen. Wie bereits erwähnt erfolgt die Entwässerung in diesem Bereich des Schichtstufenhanges entlang fossiler Gleitflächen und im Widerlager der Scholle wird ein hydrostatischer Druckpunkt aufgebaut. Örtlich kann es vorkommen, dass die Scherfestigkeit aufgrund der erhöhten Bodenfeuchtigkeit abgesetzt wird. Die größten wassergesättigten Bereiche sind entlang des Öschenbaches zu finden (KREJA & TERHORST 2005: 404-405). Zusammenfassend liefern die folgenden beiden Abbildungen 9 und 10 zum einen die bereits beschriebene Verteilung der Bodenfeuchte am Schichthang und zum anderen die errechnete Stabilität von verschiedenen Schichthangbereichen jeweils im Maßstab 1:10.000. Durch Übereinanderlegen der beiden Abbildungen kommt es zu der Erkenntnis, dass die besonders feuchten Stellen auch diejenigen sind, die am ehesten zur Instabilität neigen. Dennoch sind diese Stellen – im Vergleich zur dargestellten Gesamtfläche – verhältnismäßig gering, was auch in den erstellten Index-Klassen der beiden Abbildungen ersichtlich ist.

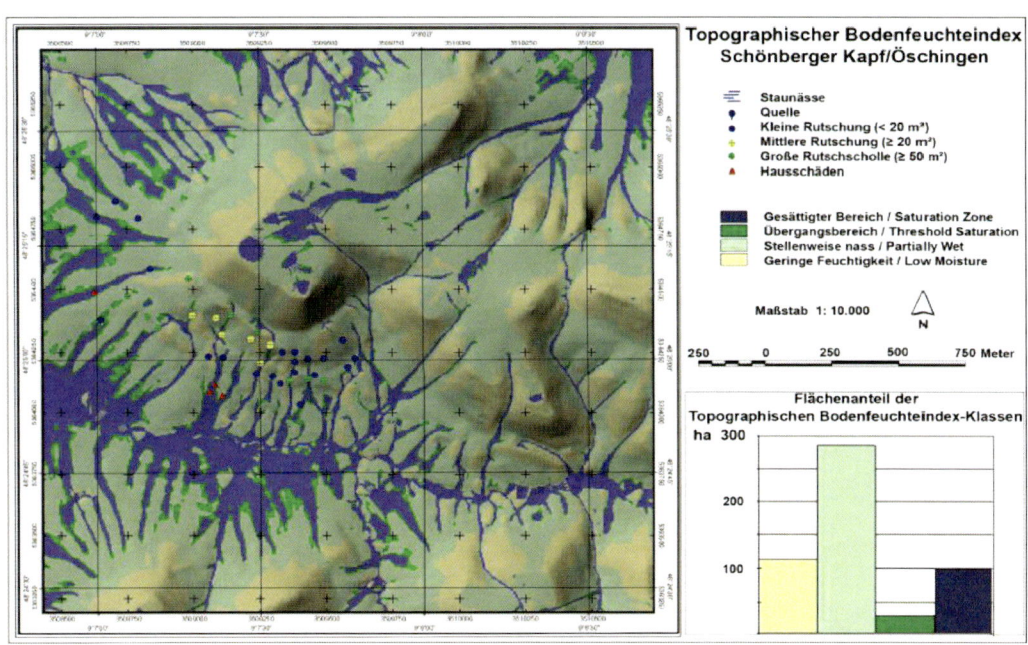

Abbildung 9: Darstellung der Bodenfeuchteverteilung am Schönberger Kapf bei Öschingen (KREJA & TERHORST 2005: 402).

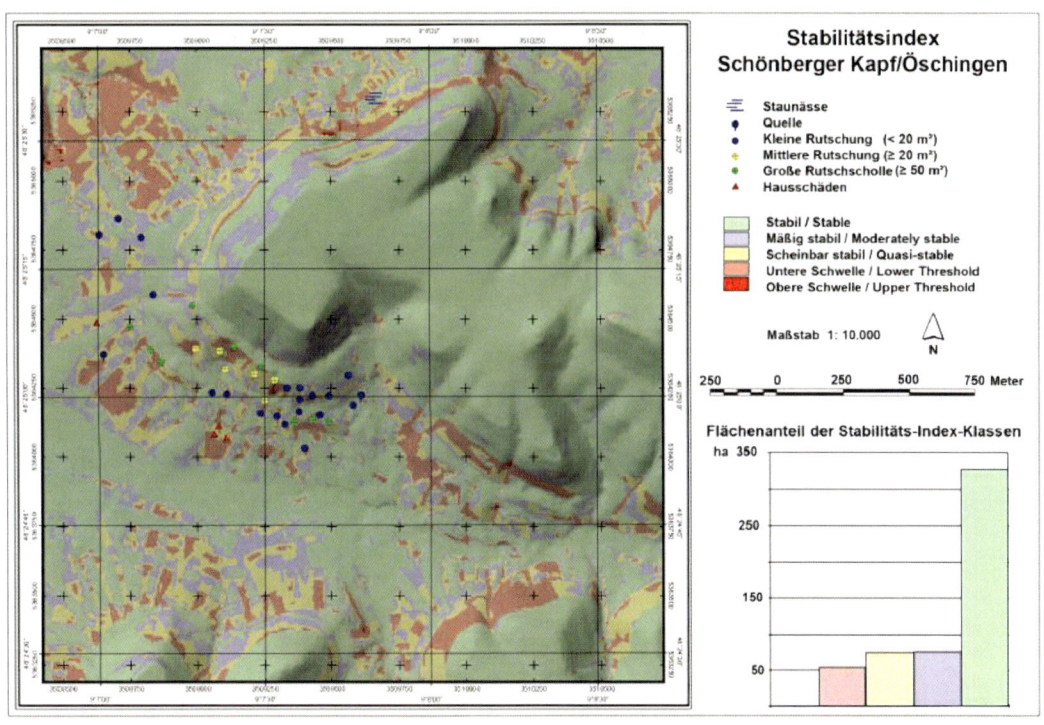

Abbildung 10: Grafische Darstellung des Stabilitätsindexes des Schönberger Kapfes bei Öschingen und Einteilung in Stabilitätsindexklassen (KREJA & TERHORST 2005: 403).

Um Antworten auf die Fragen der Art der Massenbewegung am Schönberger Kapf zu erhalten, wählten SASS et al. 2008 zwei geophysikalische Untersuchungsmethoden: *Ground-penetrating-*

radar (GPR) und *2D-resistivity*. Die entsprechenden Ergebnisse dieser beiden Methoden wurden in einem zweiten Schritt mit den Ergebnissen von Bohrungen, Inklinometer-Untersuchungen und Durchbruchs-Tests verglichen. Die Inklinometer-Untersuchungen, die Bohrungen und die Durchbruchs-Tests wurden durchgeführt, um die Unterbodenstrukur des Schichthanges und des Rutschungskomplexes besser verstehen zu können. (SASS et al. 2008: 93). Die geophysikalischen Untersuchungsmethoden konnten beide die Basis der Rutschung am Schönberger Kapf ermitteln. Auch die Rutschungsgleitfläche konnte ermittelt werden. Die Inklinometeruntersuchungen konnten nur eine relativ geringe Rutschungsbewegung nachweisen. Auch oberhalb der zerstörten Gebäude sind nur relativ langsame und flache Verschiebebewegungen festgestellt worden (SASS et al. 2008: 101).

4.3.2 Statistische Erfassung von Geofaktoren, die die Rutschempfindlichkeit an den Schichtstufen der Schwäbischen Alb beeinflussen

Mithilfe einer Datenbank von ca. 600 erfassten Massenverlagerungen an den Schichtstufen der Schwäbischen Alb ist es möglich die entsprechenden Hangbewegungen nach physischgeographischen Faktoren zu klassifizieren und eventuell statistische Zusammenhänge, Gemeinsamkeiten und Unterschiede herauszufinden (KRAUT 1999: 129). Eine solche Analyse führte KRAUT (1999) durch. Zu den untersuchten Geofaktoren gehörten unter anderem: Die Morphologie, die Exposition, die hydrologischen Verhältnisse, die Geologie, die Entfernung zu Gewässern, die Höhenangaben über NN und das Gefälle, wobei diese Faktoren in zahlreiche Unterpunkte unterteilt werden können (KRAUT 1999: 131). Die verwendete Datenbank verfügt über eine Auflistung von 595 Massenbewegungen an der südwestdeutschen Juraschichtstufe. 91 dieser Rutschungsereignisse befinden sich im Braunjuravorland, wobei damit Schichtstufen gemeint sind, die über keine Weißjuraschichten verfügen. Zur Rutschungsklasse konnten 173 Massenverlagerungen klassifiziert werden, 173 Massenverlagerungen wurden als Schollen klassifiziert und 26 als Schuttschollen definiert. Eine Einzelanalyse der jeweiligen Gruppen erfolgte aber dennoch neben der Gesamtauswertung, um Zusammenhänge zwischen Geofaktoren und Art der Verlegung eventuell zu filtern. Zusammenhänge zwischen Exposition und Massenverlagerung sind nur dann möglich, wenn die Verteilung der Expositionslagen eine Berücksichtigung findet. KRAUT (1999) führte diese Berücksichtigung mithilfe eines Vergleichs der TK 1:100.000 mit den acht Hauptexpositionlagen am jeweiligen Trauf durch (KRAUT 1999: 132-133) und zu-zusammenfassend ist das Ergebnis dieses Vergleiches grafisch in Abbildung 10 dargestellt.

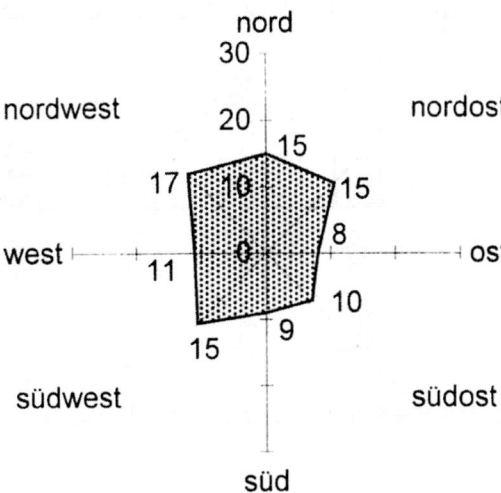

Abbildung 11: Grafische Verteilungsdarstellung der vorhandenen Expositionslagen (KRAUT 1999: 133).

Zusammenfassend häufte sich die Rutschungsempfindlichkeit auf die nach Norden einfallen Hänge, wobei aber Schuttschollen die Ausnahme bilden. Letztere werden nicht durch die Hangexposition beeinflusst. Bezüglich der hydrologischen Verhältnisse galt es zu klären, welche Entwässerungslinien an den Hängen vorhanden sind und letztendlich die Entwässerung mit den vorhandenen Massenbewegungen in Zusammenhang zu bringen. Dafür wurde zunächst die unmittelbar zugehörige Tiefenlinie der jeweiligen Massenbewegung erfasst. In einigen Fällen war es so, dass es lediglich ein Gerinne gab, das sporadisch nur mit Wasser gefüllt ist bzw. Wasser oberflächlich transportiert. Die Analyse ergab, dass 80 % der Massenbewegungen weniger als 900 m von der Entwässerungslinie entfernt gewesen sind. Ein Anteil von 11 % der erfassten Massenbewegungen befand sich direkt an der Entwässerungslinie, so dass der Erosionskraft bzgl. potentieller Massenverlagerungen eine hohe Bedeutung angerechnet werden muss. Häufig ist es so, dass die Hänge an solchen Positionen unterschnitten werden und die durch die Erosion entstandene Versteilung des Reliefs versucht der jeweilige Hang durch Massenverlagerung wieder auszugleichen. Als Vorfluter sind die teilweise stark in die Schwäbische Alb eingeschnittenen neckartributären Flüsse zu sehen. In der statistischen Erfassung wurden aber nur jene Flüsse ausgewählt, die direkt in den Neckar münden. 28 % der Verlagerungen befanden sich in einem Umkreis von bis zu 2000 m zum jeweiligen Vorfluter. Allerdings lag nur ein kleiner Teil der

Massenverlagerungen direkt am Vorfluter (0,3 %). Weiterhin ist die Kenntnis über vorhandene lokale Vernässungen an den jeweiligen Hängen von entscheidender Bedeutung, da diese immer wieder Hinweise auf die Massenbewegungen liefern. Die Erfassung der Vernässungen in der Datenbank war mit einer hohen Differenzierung versehen. Ein Drittel der Massenbewegungen konnte nach Analyse der TK 1:25.000 und den Quellen nicht mit einer hydrologischen Ausgangspunkt in Verbindung gebracht werden. Etwa ein Fünftel (22 %) der Massenbewegungen aus der Datenbank ließen sich direkt auf eine hydrologische Erscheinung zurückführen. Explizit bei den Rutschungen gibt es oftmals eine Verbindung zu Nassstellen, Wasseraustritten und kleinen Rinnen in der Flanke des Hanges (KRAUT 1999: 134 -136). Auch die Lage am Hang kann differenziert werden nach Ursprungsgebiet der Massenbewegung im Schichtstufenhang. KRAUT (1999: 136) differenziert dabei in Oberhang, Mittelhang und Unterhang, wobei die Erstreckung von Großbewegungen auch über mehrere Hangbereiche gehen kann. In den Traufhängen der Schwäbischen Alb dominiert in vertikaler Richtung eine konkave Formung, wobei der steilste Abschnitt als Oberhang bezeichnet wird. Die Mindestmächtigkeit des Oberhanges ist die Mächtigkeit des obersten Stufenbildners. Der darauf folgende Mittelhang verfügt ebenfalls wie der Oberhang über eine flächendeckende Bewaldung, wobei dieser im Vergleich zum Oberhang nur noch mäßig steil ist. Durch widerstandsfähige Gesteinsschichten kann es aber auch sein, dass der Mittelhang über steile Bereiche verfügen kann. Eine deutliche Verflachung ist zwischen dem Mittelhang und den Unterhang ersichtlich. Die Ausdehnung des Unterhanges geht bis zur lokalen Tiefenlinie, wobei sich dort weiche und wasserstauende Gesteinsschichten befinden. Weiterhin ist der Unterhang durch Quellaustritte gekennzeichnet und im Vergleich zu Ober- und Mittelhang eher selten bewaldet. Die statistische Auswertung hat ergeben, dass sich 46 % der Massenbewegungen ausschließlich im Mittelhang befinden. 13 % der Massenbewegungen beginnen im Bereich des Mittelhanges und haben eine Ausstreckung bis hin zum Unterhang vorzuweisen. Im Oberhang ereigneten sich 21 % der Massenbewegungen und lediglich ein Anteil von 15 % ist als Massenbewegung im Unterhang nachweisbar (KRAUT 1999: 136-137). Zusammenfassend sind die Ergebnisse der statistischen Erfassung bzgl. der Häufigkeitsverteilung der Massenverlagerung nach Lage am Hang und Massenverlagerungstyp in Abbildung 12 dargestellt. Als Massenverlagerungstypen sind Rutschungen, Schollen und Schuttschollen ausgewählt worden.

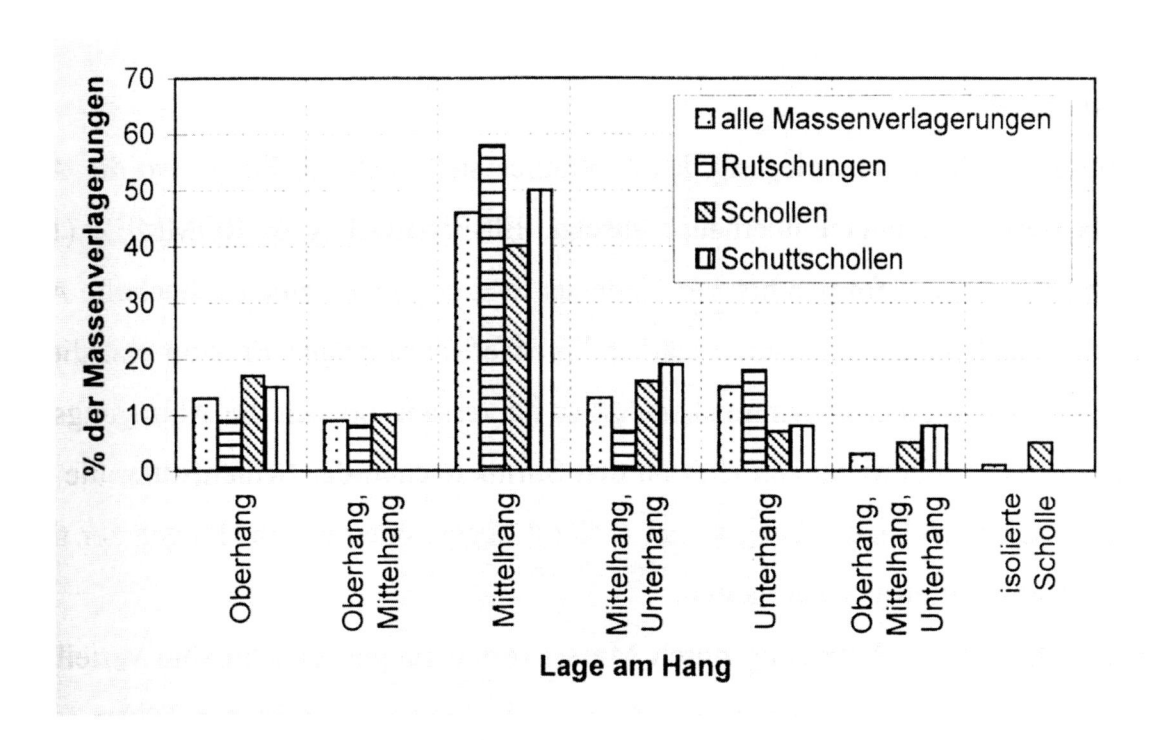

Abbildung 12: Darstellung der Massenverlagerung nach Massenverlagerungstyp und Lage des Massenversatzes am Hang (KRAUT 1999: 137).

Ein weiterer zu untersuchender Geofaktor war die Geologie der Schichten an den jeweiligen Massenbewegungen. Selbiges wurde durch eine Analyse der Geologischen Karten im Maßstab 1:25.000 durchgeführt. Diese Analyse wurde für 374 Massenverlagerungen durchgeführt. Die entsprechenden Massenverlagerungen wurden bei der Zuordnung unterschieden nach Bewegungen, die innerhalb einer Schichtgrenze stattfanden, und Bewegungen, die außerhalb des Liegenden bzw. Hangenden liegen.

Die folgende Abbildung 13 zeigt die Verteilung der Massenbewegungen mit Bezug auf die entsprechenden Schichten, wobei die obere waagerechte Linie den Beginn der Massenverlagerung bzw. die Abrissnische darstellt. Die untere waagerechte Linie stellt die Position dar, zu der die Massen verlagert worden sind (KRAUT 1999: 138). Die Bezeichnungen auf der Y-Achse repräsentieren die Abkürzungen der einzelnen Schichten, die in den Schichtstufen der Schwäbischen Alb vorkommen.

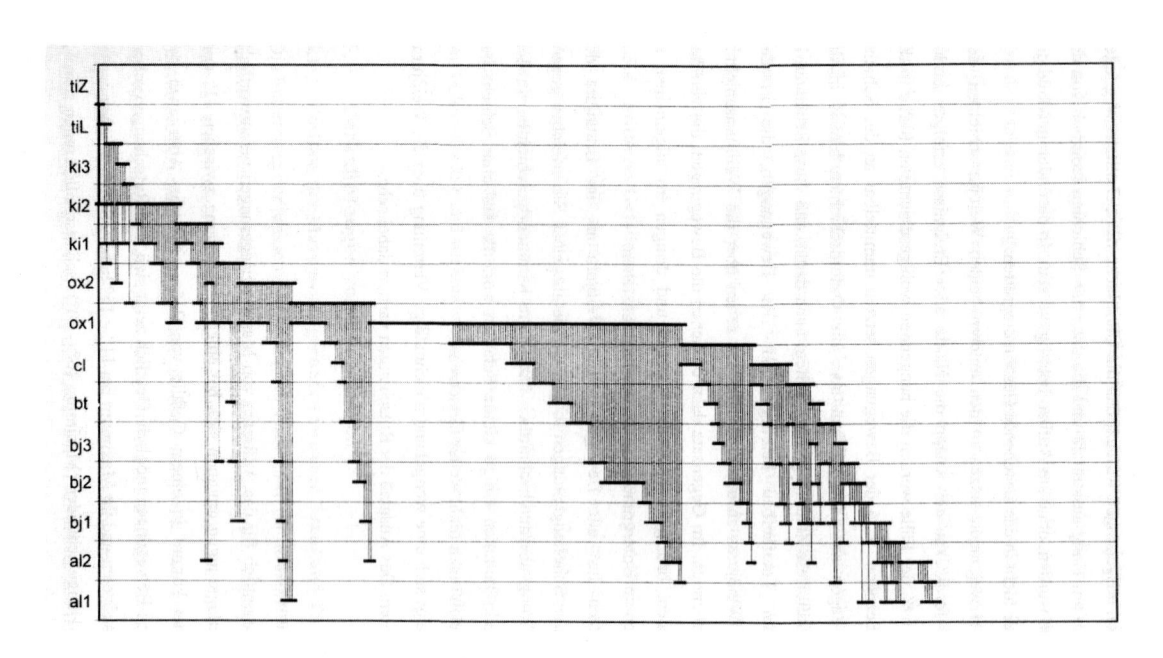

Abbildung 13: Vertikaldarstellung der Massenbewegungsreichweite anhand der vorhandenen geologischen Schichten (KRAUT 1999: 139).

Der Großteil der Bewegungen (2/3 der Massenbewegungen) setzten in einer der beiden unteren Weißjuraschichten an: Den Oxfordkalksteinen und den Oxfordmergeln. Bezogen auf alle Massenbewegungsereignisse ereigneten sich mehr als die Hälfte in den Oxfordmergeln. Lediglich 6 % der Massenbewegungen ereigneten sich in den wohlgeschichteten Oxfordkalken. 9 % der Massenverlagerungen befanden sich an der Grenze zwischen den Oxfordmergeln und –kalken. Bei weiteren 14 % der Massenverlagerungen war eine Hinausverlegung in die Kimmeridge-Schichten beobachtbar. Die letzten Anteile sind aus dem Grund so gering, da die Kimmeridge-Schichten am Traufaufbau der Westalb nicht beteiligt sind. Die Bewegungen, die in den Kimmerdige-Schichten ihren Ursprung hatten, haben selten eine Reichweite bis zu den Braunjuraschichten vorzuweisen gehabt. Das Ausmaß der Bewegungen aus dem Oxfordbereich ist in der Regel wesentlich größer und reicht fast immer in Bereiche des Braunjuras am jeweiligen Hang. Die Schollenbewegungen setzten fast alle im Weißjura an. Schollenbewegungen, die im Braunjura ausgelöst worden werden, kommen in der Schwäbischen Alb so gut wie nicht vor. Bezüglich der Rutschungen gibt es eine gleichmäßige Verteilung zwischen Schichten des Weiß- und Braunjuras, wobei es aber eine hohe Variabilität bzgl. des Ausmaßes der Rutschung gibt. Als weiterer wesentlicher Geofaktor, der Massenbewegungen auslösen kann, ist die Hangneigung zu nennen. In der Schwäbischen Alb ist die Hangneigung einer der wesentlichsten Faktoren, die das Auftreten von Massenbewegungen bestimmen. Etwa die Hälfte der Verlagerungen geschehen in einem Hangneigungsbereich zwischen 11 ° und 20 °. Ein weiteres Drittel ereignet sich bei

Hangneigungen zwischen 21 ° und 30 °. Bewegungen bei Hangneigungen unter 10 ° kommen aber auch vor und sind durchaus möglich. Die maximale Rutschungssuszebilität befindet sich im Bereich der Hangneigung zwischen 11 ° und 15 °. Schollenbewegungen ereignen sich eher an steileren Hängen und erreichen ihr Auftrittsmaximum bei Hangneigungen von 16 ° bis 20 °.Schuttschollen sind eher weniger an die Hangneigung gebunden und sind in allen Bereichen des Hanges möglich (KRAUT 1999: 140-141).

Bei der Gegenüberstellung der monatlichen Durchschnittsniederschläge mit dem Auftreten von Mssenbewegungsereignissen kristallisierten sich zwei Tendenzen heraus: Die Rutschungsempfindlichkeit erhöht sich, wenn über mehrere Monate anhaltend erhöhte Niederschlagsereignisse festzustellen sind. Die jeweiligen Rutschungen gehen dann auf ein langfristig verfügbares Wasserangebot zurück. Offensichtlich häufen sich aber auch Massenverlagerungen nach Monaten, die eher trocken waren, wenn ein extrem niederschlagsreicher Monat darauf folgt. Vermutlich ist es so, dass die Tone bzw. Mergel nach niederschlagsarmen Monaten weniger Wasser aufnehmen können und die entsprechenden Niederschlagsmengen die Wasseraufnahmekapazitäten der Schichten übersteigen (KRAUT 1999: 145-146).

4.3.3 Rutschungskomplex Pferch/Grubich in der Mittleren Schwäbischen Alb

Der hier vorhandene Stufenhang umfasst eine komplette Brunajuraserie, wobei im Hangenden vor allem der Opalinuston (al1) zu nennen ist. Es folgen Weißjuraschichten bis hin zum Kimmeridge-Massenkalk (ki 2-3). Die Bankkalke des Kimmeridge-Massenkalks bilden die Felsen des Traufes in einer Höhe von rund 800 m ü. NN. Die Schichtstufe hat eine Ausdehnung von 360 – 380 m, was überdurchschnittlich hoch ist im Vergleich zu anderen Regionen in der Schwäbischen Alb. Das Gelände in der Umgebung ist durch viele rezente Massenverlagerungen gekennzeichnet. Vor allem im Braunjura-Unterhang gibt es innerhalb des zentralen Bereiches des Kartiergebietes von KALLINICH (1999) mehrere rezente Massenbewegungen. Eine Massenverlagerung stammt aus dem Jahr 1978, wobei es sich dabei um eine 500 m lange Fließzunge handelt. Weiterhin gibt es im Kartiergebiet mehrere Translationsgleitungen und einige weitere kleine Fließungen, die in den Jahren zwischen 1992 und 1996 aktiv gewesen sind. Die Fließungen sind vorwiegend an Einschnitten der vorhandenen Bäche beobachtbar gewesen. Die Translationsgleitungen und Kriechbewegungen hingegen eher an den dazwischen befindlichen Hangflanken, die über eine horizontale Ausstreckung verfügen. Ein besonders starker Aktivitätsbereich für Massenbewegungen ist die Grenze zwischen Braun- und Weißjura, die zusätzlich mit zahlreichen Quellenaustritten versehen ist. Im Bereich „Grubich" gibt es einen jung aktivierten Braunjurahang und oberhalb ist der „Pferch" an der Traufkante befindlich. Der Pferch ist eine große Gleitscholle aus Kimmeridgekalken, die über einen dreieckigen Grundriss verfügt und ca. 30 m abgesenkt im Vergleich zur ehemaligen Albhochfläche ist. Das Kartierungsgebiet von KALLINICH (1999) lässt sich in drei Teilbereiche gliedern, die von den Reliefformen und der Rutschungsaktivität geprägt sind: Westlich des Massenverlagerungskomplexes Pferch-Grubich gibt es weder Rutschungen noch Gleitschollen. Im Zentralbereich gibt es das größte Ausmaß an Massenbewegungen, die in verschiedenen Massenbewegungsformen vorliegen. Eine Treppe von mehreren gestaffelten Gleitschollen befindet sich östlich des Pferchs, die auch durch Felsnachstürze von Trauf- und Schollenkanten gekennzeichnet sind (KALLINICH 1999: 94-95). Der Rutschungskomplex Pferch/Grubich ist in einem maßstabsgetreuen Querprofilschnitt in Abbildung 14 erkennbar. Dargestellt sind neben den geologischen Schichten auch unter anderem die Rotationsgleitung, die im Verlauf des Unterkapitels 4.3.3 erwähnt worden ist. Ebenfalls dargestellt sind die Translationsgleitungen sowie die die Fließungen in den untersten Bereichen des Schichtstufenhanges Pferch/Grubich.

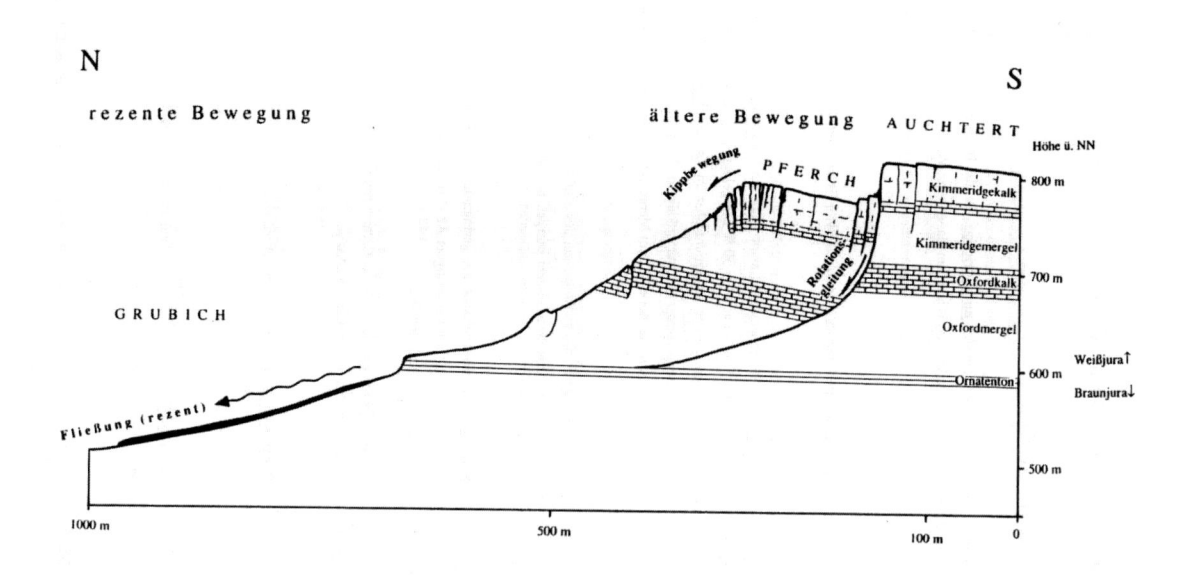

Abbildung 14: Querhangprofilschnitt durch den Schichtstufenhang Pferch/Grubich (Maßstabsgetreue Darstellung) (KALLINICH 1999: 97)

4.3.4 Geomorphologische Untersuchungen im Rutschgebiet „Scheibenbergle"

Im Rutschgebiet „Scheibenbergle" gibt es ein fossiles Rutschgebiet, das aus fünf unterschiedlichen Rotationsschollen besteht. Ebenfalls sind auch die dazugehörigen Abrissnischen zu den Rotationsschollen erkennbar. Die Schollenunterhänge bestehen geologisch gesehen aus Oxford-Mergeln und die Schollenoberfläche besteht aus Oxfordkalken. Oftmals gehören zu den vorhandenen Formen auch Hohlformen, die als sog. Randnähte bezeichnet werden. Entstanden sind jene durch eine antithetische Schollenkippung, was einen Ausstrich der Gleitfläche zwischen Schollenoberfläche und Abrissnische zur Folge hatte. In den Unterhangbereichen gibt es zahlreiche wallförmige Auspressungserscheinungen sowie Fließungen. Außergewöhnlich ist die Tatsache, dass die beiden nördlichen Rutschungsschollen sich übereinander befinden. Die hangende Scholle hat dabei einen Vertikalversatz von 90 m aufzuweisen und befindet sich 50 m oberhalb im Vergleich zur tieferliegenden Scholle. Die geomorphologische Kartierung ergab, dass es in den Bereichen A, B, C diverse rezente Hangbewegungen gegeben hat. Des Weiteren gibt es Zusammenhänge zwischen den aktiven Bewegungen mit vernässten Stellen und die durch Stauchungen der hangenden Scholle bedingte Hanginstabilität. Positionen hoher Gefährdung liegen unter anderem in konkaven Abrissnischen, die durch mächtige Schuttansammlungen gekennzeichnet sind. Wird in diesen Bereichen der Böschungswinkel überschritten, kommt es sehr schnell zu Verlagerungen, die in der Regel aber nur über verhältnismäßig kleine Strecken gehen können. Weitere Aktivitätsbereiche sind Frontbereiche des Hanges und die Unterhangbereiche, die aus Oxford-Mergeln bestehen. Nach den eigentlichen Rutschungsereignissen wurden die liegenden Schollenkomplexe flächenhaft mit Kalksteinschutt überdeckt (TERHORST 1998 b: 155).

Abbildung 15 stellt die Erläuterung der Symbole zur geomorphologischen Kartierung in Abbildung 16 dar. Die Abbildungen 16 und 17 zeigen zum einen die Ergebnisse der geomorphologischen Kartierung und zum anderen wird entlang eines Hangquerschnittprofilschnitts des „Scheibenbergle" eine dazugehörige Boden-Catena dargestellt.

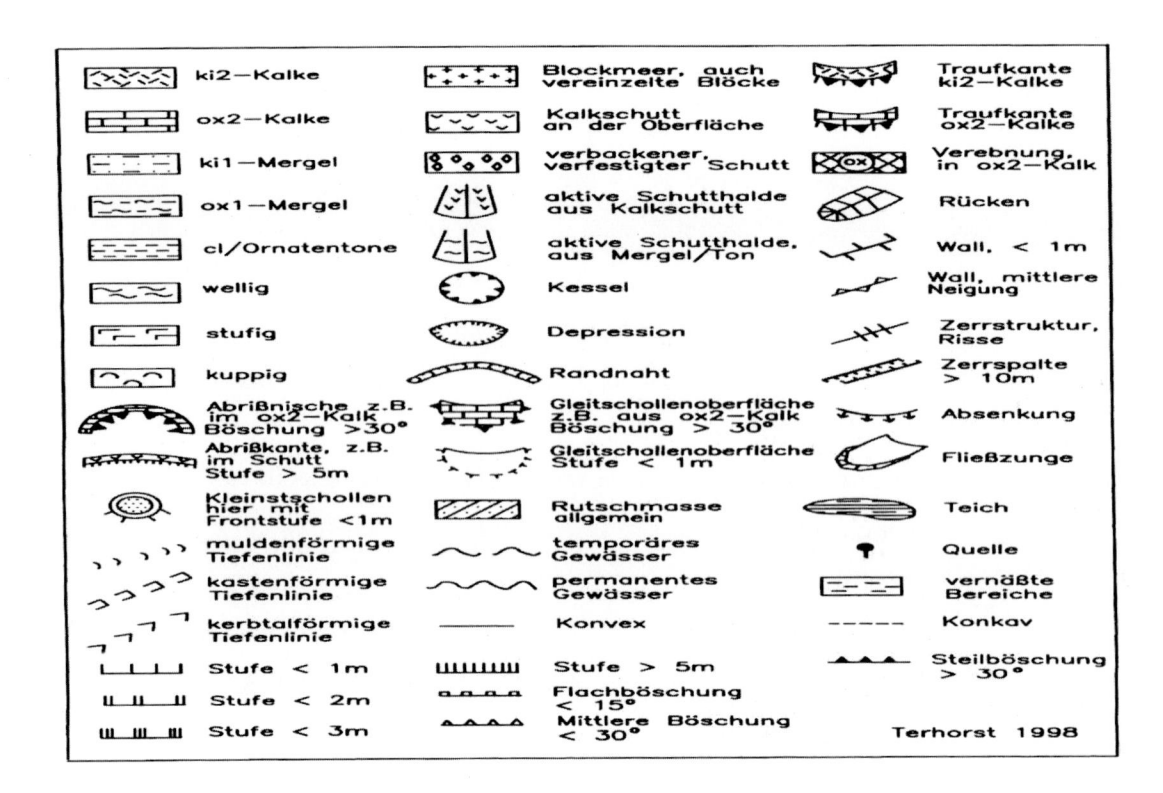

Abbildung 15: Erläuterungsdarstellung zur geomorphologischen Karte in Abb. 16 (TERHORST 1998b: 154 verändert nach TERHORST 1997)

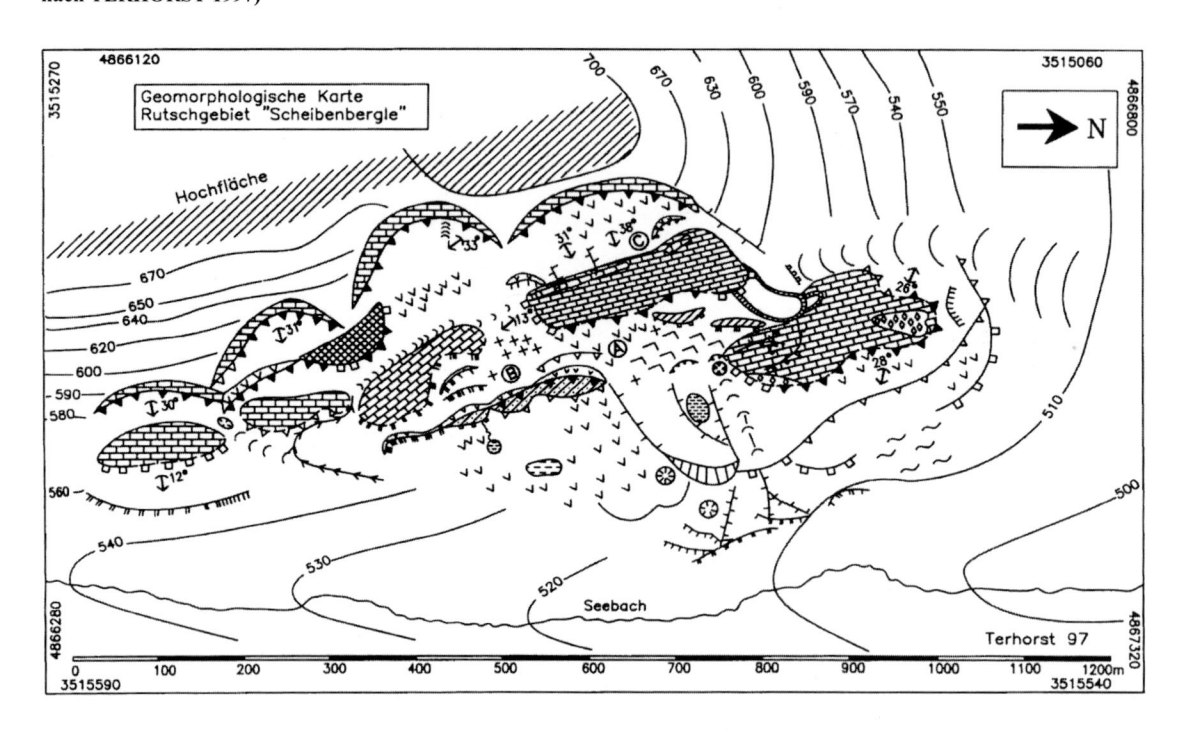

Abbildung 16: Geomorphologische Kartierung am Rutschgebiet „Scheibenbergle" (TERHORST 1998b: 156)

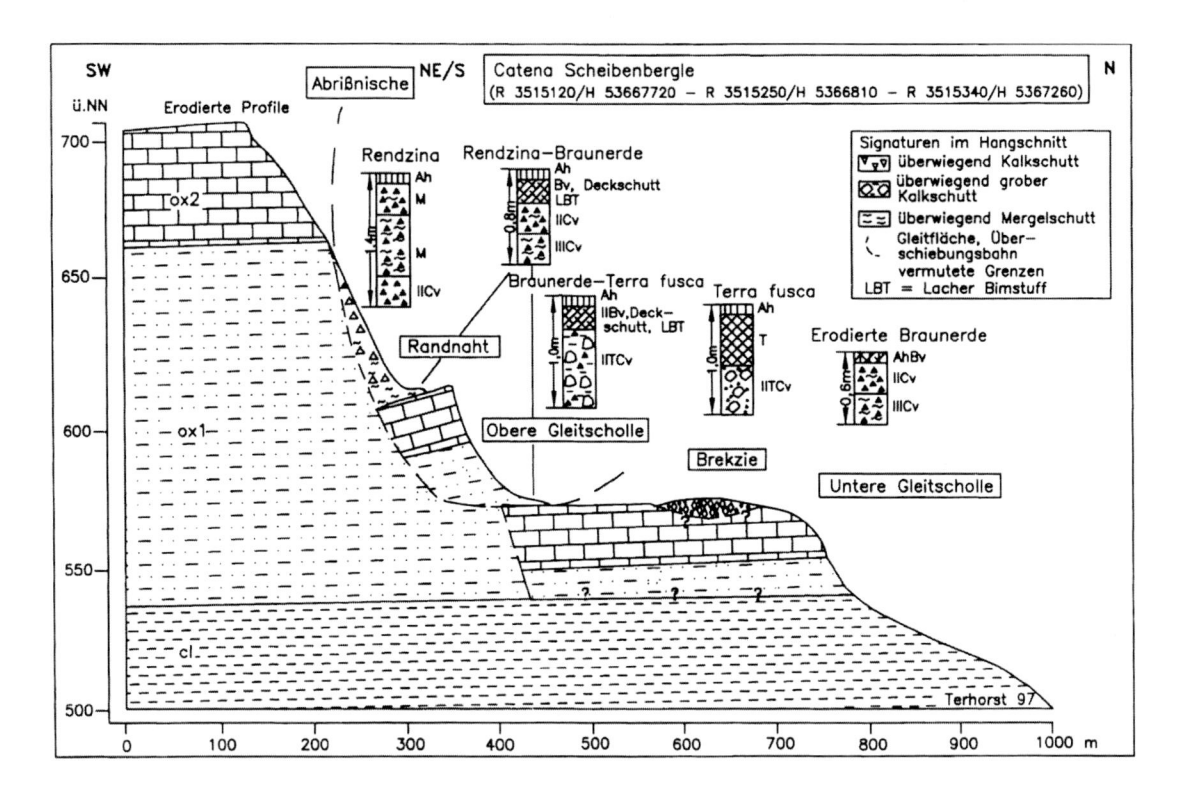

Abbildung 17: Hangquerschnittsprofil und Darstellung einer Boden-Catena am „Scheibenbergle" (TERHORST 1998b: 157)

5 Die Muschelkalkschichtstufe im Thüringer Becken

5.1 Geologie & Abriss der Paläogeographischen Entstehung des Thüringer Beckens

Das Thüringer Becken wird eingegrenzt durch den Harz im Norden und dem Thüringer Wald mit dem nachfolgenden Thüringer Schiefergebirge im Süden. Dabei bildet es eine flache Einsenkung des Deckgebirges aus, was sich über dem nördlichen Saxothuringikum befindet. Richtung Nordwesten wird das Becken durch die Buntsandstein-Aufwölbung der Eichsfeld-Scholle vom Leinetalgraben abgegrenzt. Die aufgeschlossene post-variszische Deckgebirgsfolge besteht aus: Zechstein, Buntsandstein, Muschelkalk sowie Keuper. Die größte Gesamtmächtigkeit dieser Schichten wird im Nordosten des Thüringer Beckens erreicht: Dort wird eine Gesamtmächtigkeit von bis zu 2.200 m erreicht. Erosionsreste von Schichten des Unterjura und des Cenomans deuten darauf hin, dass auch diese Schichten einst eine größere Verbreitung im Thüringer Becken besessen haben müssen. Unterhalb des Thüringer Beckens wurde das variszische Grundgebirge mittels diverser Bohrungen nachgewiesen und ist im Übrigen mittlerweile auch gut erforscht. Das heutige Strukturbild des Thüringer Beckens ist geprägt durch eine Aufteilung in mehrere ca. 30 km in NW-SE-Richtung ausgerichtete Leistenschollen. Die Schollenränder sind dabei jeweils mit Störungszonen versehen, die wohl anhand von Dehnungsfugen mit Abschiebungen und Grabenstrukturen bereits aus der variszischen Orogenese entstandenen Verwerfungszonen des Grundgebirgssockels hervorgegangen sind. Es folgte eine Überprägung in Form einer Einengung über die bereits vorhandenen Störungen, was einen flachwelligen Sattel- und Muldenbau im Thüringer Becken zur Folge hatte. Als bedeutendste Störungszone ist die 120 km lange Eichenberg-Saalfelder Störungszone zu nennen, die das Thüringer Becken vom Leinetalgraben bis hin zum Thüringer Schiefergebirge durchquert. Weitere vorhandene Störungsbereiche sind durch Bruchstrukturen von Muschelkalk und Buntsandstein aufgebaut wie z. B. die Erfurter Störungszone (WALTER 2007: 397-398). Abbildung 18 zeigt eine geologische Übersichtskarte, die neben dem Thüringer Becken die benachbarten geologischen Großeinheiten darstellt.

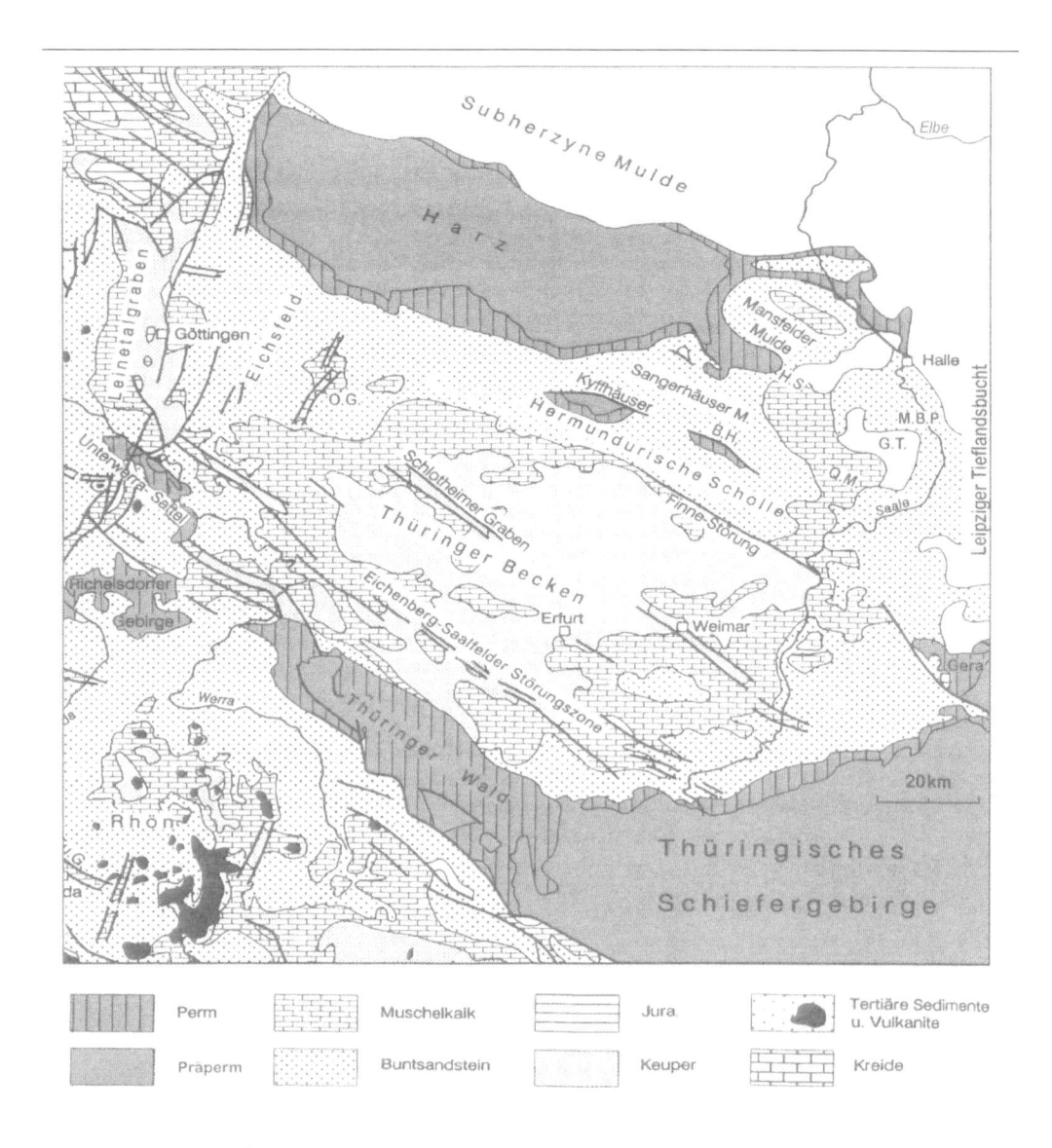

Abbildung 18: Geologische Übersichtskarte Thüringens inkl. des Thüringer Beckens (WALTER 2007: 399)

Der Beginn der geologischen Entwicklung ist mit der Transgression des marinen Zechstein-Meeres anzusetzen. Sedimente, die zu der Zeit abgelagert wurden, treten am Südwest- und Südostrand der Thüringischen Senke und am Harzsüdrand in schmalen Streifen wieder zu Tage. Ebenfalls sind Vorkommen am Kyffhäuser belegt und erforscht. Die ersten vier Zechstein-Zyklen sind ähnlich ausgebildet wie im Germanischen Becken. Generell unterscheiden sich die Trias-Sedimente kaum von denen in Nord- oder Süddeutschland. Die Sedimente des Buntsandstein gehen auf limnische Wechselbedingungen zwischen Überflutung und Trockenfallen zurück. Die generellen Strukturen im Buntsandstein ähneln ebenfalls denen von Norddeutschland und sind daher im Thüringer Becken durchaus vergleichbar. Salinare Einflüsse im Röt deuten ebenfalls auf eine marine Ingression. Die jungmesozoische und känozoische Tektonik lässt sich aufgrund des Fehlens von Sedimenten relativ schwer taxieren. Die letztendliche Beckenbildung setzte wohl bereits im Jura ein und wurde ausgelöst durch Inversionsbedingungen in Folge des Zerbrechens des Superkontinentes Pangäa. Die Absenkungstendenz hielt vermutlich bis in die Oberkreide-Zeit an und erneute Inversionsbedingungen gegen Ende der Oberkreide-Zeit führten dazu, dass das Thüringer Becken um bis zu 1000 m gehoben worden ist und eine intensive Erosion und Verwitterung angesetzt hat. Diese Erosion führte dazu, dass die Sedimente bis auf die triassischen Sedimente größtenteils abgetragen worden sind. Durch die Inversionsbewegung sind oberflächennahe Störungszonen reaktiviert worden. Im Paläogen kam es zur Akkumulation von fluviatilen und limnischen Sedimenten, wobei das Hauptgebiet der Ablagerung sich im thüringisch-sächsischen Grenzgebiet befindet. Zu diesen Ablagerungen gehört unter anderem auch Braunkohle (WALTER 2007: 400-401). In Ostthüringen gibt es einen Nachweis über eine Paläolandoberfläche aus dem Alttertiär. Die größten Tertiär-Ablagerungen sind in Thüringen im Gebiet rund um Altenburg erhalten geblieben. In der Eem- und der Holstein-Warmzeit kam es zur Ausbildung von Travertinen und Parabraunlehmen, wobei die Lößsedimentation aus der Saale- und der Weichseleiszeit stammt (KÄSTNER ET AL. 2002: 21). An der Grenze zwischen Pliozän und frühem Pleistozän gab es eine starke Ausprägung fluvialer und glazialer Erosion im Thüringer Becken. Diverse Aufschotterungen in Form von z. B. Zersatzschottern zeugen von dieser Erosion. Die Gesamtmächtigkeit des Buntsandsteins in Thüringen variiert zwischen 500 und 720 m (PAFF & LANGENBEIN 2002: 326). Die nun folgende Tabelle 5 beschreibt die entsprechenden Mächtigkeiten und gibt auch die unterschiedlichen Formationen bezüglich einer stratigraphischen Einteilung des Buntsandsteines übersichtlich wider.

Tab. 4.5.1.1-1 Mächtigkeitsvergleich der Buntsandstein-Schichtglieder (Angaben in m).

Stufen	Gliederung nach Folgen	Südthüringen		Untergliederung in lokale Schichtfolgen Thüring. Senke		Ostthüringen	
Oberer Buntsandstein 100–190 m	Myophorien-Folge	Strohgelbe Kalke Myoph.-Tone Myoph.-Platten	3,5 5 5	Strohgelbe Kalke Myoph.-Tone Myoph.-Platten	~1 8–9 6–8	Strohgelbe Kalke Myoph.-Tone Myoph.-Platten Glaukonitbänke	1 8 6 2
	Pelitröt-Folge	Obere Bunte Schichten Obere Rotbraune Serie Fränk. Chiroth. Unt. Rotbr. Serie Jüng. Bunte Serie Plattensandstein Alt. Bunte Serie	28 25 6–9 ~15 ~10 15–0 8–15	Obere Bunte Schichten Obere Rote Schichten Doppelquarzit Unt. Rote Schichten Unt. Bunte Schichten	32 9 1–2 13 30	Obere Bunte Schichten Ob. Roter Röt Doppelquarzit Unt. Roter Röt Grauer Röt mit Sandst.-Schfr.	27 6 2 15 18–20
	Salinarröt-Folge	Rötsulfat Grauer Tonstein	1,5–21 0,3	Deckanh. Ob. Rötsalz Zwischenanhydr. Unt. Rötsalz Grauer Tonstein	17–25 5–15 4 20–45 0,3	Fossilfreie Gipse Zwischenmittel	18–20 ~1
Mittlerer Buntsandstein 140–240 m	Solling-Folge	Thür. Chiroth. Ton. Zwisch. Sch. Basissandstein	3–10 ~4 2–7	Thür. Chiroth. Ton. Zwisch. Sch. Basissandstein	5–14 5 1–14	Chiroth.-Sandst. Ton. Zwisch. Sch. Basissandstein	15–30
	Hardegsen-Folge	Sandst. Tonst.-Wechselfolge Geröllsandst.	40–80 6–12	Thüring. Bausandstein Basissandstein	40–80	Thüring. Bausandstein	50–55
	Detfurth-Folge	Feinschichtige Sandsteine Konglom. Sst.	20–35 18–20	Lavendelfarbene Sandsteine Braun. Grobsst.	15–42 15–20	Rothensteiner Schichten Roth. Geröllh.	35 6
	Volpriehausen-Folge	Volpr. Wechsellag. Volpr.-Sandst. Kongl. Sandst.	40 20–25 20–25	Avic.-Schicht. Rotweiße WF Basissandstein	28–45 33–50 17	Avicula-Sch. Kaolinsch.	35 60
Unterer Buntsandstein 200–310 m	Bernburg-Folge	Feinschicht. Sandst. m. Tonst.-Lagen (Werragebiet gesamt) Kongl. Sandstein	~80 (135–160) 30–40	Ob. Sandst. Tonst.-Wechsellagerung Oolith-Sandsteinschichten Unt. Sandst. Tonst.-Wechsellag.	~70 ~40 25–66	Dolom. Sandst. Ob. Wechsellag. Kraftsdorfer Sandst. bzw. Basissandst.	0–30 30 30
	Calvörde-Folge	Feinschicht. Sandst. m. Tonst.-Lagen Kongl. Sandst.	30–60 50–60	Sandige Tonsteinschichten Tonst.-Sandst.-Wechsellagerung Ton.Sandst.Sch.	40 110 35	Sandige Tonsteinschichten Untere Sandsteinschichten Randkongl.	30–60 ~70 ~12

Tabelle 5: Stratigraphischer Vergleich bzgl. Buntsandstein-Formationen in verschiedenen Bereichen Thüringens (LANGBEIN & SEIDEL 2002: 327).

Die Ausbildung des Muschelkalks in Thüringen besteht in Form von marinen Kalksteinen und Dolomiten, die immer wieder Einlagerungen von Tonsteinen, Gips, Anhydrit oder teilweise auch Steinsalz vorzuweisen haben. Die Gesamtmächtigkeit variiert zwischen 200 m und 270 m, wobei der Muschelkalk wohl letztendlich flächendeckend in ganz Thüringen abgelagert worden ist. Der Untere Muschelkalk hat Mächtigkeiten zwischen 87 m und maximal 120 m vorzuweisen. Überwiegend besteht jener aus plattigen, flachwelligen und grau-gefärbten Mergelkalken, die zur großen Formation des Wellenkalkes gehören. Lithologisch betrachtet verfügen die Wellenkalke z. B. über eine Fein- und Schrägschichtung (LANGBEIN & SEIDEL 2002: 342).

Der Untere Wellenkalk beginnt oberhalb der 0,2 m bis 1 m mächtigen Schichten des Gelben Grenzbank der Myophorienschichten des Obersten Buntsandsteins. Die auf den Unteren Wellenkalk folgende Oolith-Zone (vgl. Tabelle 6) ist geprägt durch Mergelkalkzwischenmittel, wobei es dort die Aufteilung in Oolith-Alpha und Oolith-Beta gibt. Der auf die Oolith-Zone folgende Mittlere Wellenkalk ist dem Unteren Wellenkalk bezüglich seiner Ausbildung sehr ähnlich, wobei verschiedene dünne Fossillagen diesen durchziehen wie z. B. die Spiriferina-Bank mit *Punctospirella fragilis*, die von überregionaler Bedeutung ist. Die Trebatulazone wird mittels eines Zwischenmittels in Obere und Untere Trebatulazone unterteilt. Generell wird die Trebatulazone durchzogen von Intraklasten und Trochitenresten (LANGBEIN & SEIDEL 2002: 342). Der Mittlere Muschelkalk kommt auf Mächtigkeiten zwischen 45 m und 115 m in Thüringen und besteht dabei vor allem aus Dolomiten, dolomitischen Mergeln, Kalksteinen und teilweise auch aus Lagen von Anhydrit und Steinsalz (LANGBEIN & SEIDEL 2002: 343). Tabelle 6 zeigt die entsprechende stratigraphische Abfolge des Muschelkalks in Thüringen. Des Weiteren werden die bereits im Text genannten Einteilungen in eine Chronologie gebracht.

Stufen	Schichtglieder	Subk. P./T.	Ausbildung
Oberer Muschelkalk (Hauptmuschelkalk-Folge)	Glasplatten		Wechsellagerung von Mergelsteinen und Kalksteinen, 5–15 m
	Glaukonitbank		Kalksteinbank, z. T. von Glaukonit durchsetzt, 0,3–1 m
	Fischschuppenschichten	Warburg-Formation	Wechsellagerung von Mergelsteinen und Kalkstein, z. T. Fischschuppen führend, 8–13 m
	Cycloidesbank		Kalksteinbank, massenhaft von *Coenothyris cycloides* durchsetzt, 0,1–0,7 m
	Discitesschichten	Meißner-F.	Wechsellagerung von Kalksteinen und Mergelsteinen, z. T. treten *Entolium discites* auf, 28–35 m
	Gervilleienschichten		Wechsellagerung von Kalksteinen und Mergelsteinen, z. T. tritt *Hoernesia costata* auf, 4–9 m
	Trochitenkalk	Trochitenkalk-F.	Arenitbänke, z. T. mit Wulstkalken, Trochiten führend, 7–9 m
Mittlerer Muschelkalk (Anhydrit-Folge)	Oberer Dolomit	Diemel-F.	Dolomit, grau bis graugelb, 6–20 m
	Obere Wechsellagerung		Wechsellagerung von Dolomit, Anhydrit und Mergelsteinen, 20–37 m
	Mittlerer Dolomit	Heilbronn-F.	Dolomit, grau bis graugelb, 0–7 m
	Mittlere Wechsellagerung		Wechsellagerung von Anhydrit, Dolomit und Mergelsteinen, 0–17 m
	Oberes Sulfat		Anhydrit, grau, 0–13 m
	Muschelkalksalz		Steinsalz, hellgrau, mit Ton- und Anhydritflocken, 0–30 m
	Unteres Sulfat		Anhydrit, grau, 0–2 m
	Untere Wechsellagerung		Wechsellagerung von Anhydrit, Dolomit- und Mergelstein, 0–7 m
	Unterer Dolomit	Karlstadt-F.	Dolomit, grau bis graugelb, 5–15 m
Unterer Muschelkalk (Wellenkalk-Folge)	Schaumkalkzone		zwei bis drei, z.T. oolithische Arenitbänke mit Mergelkalkzwischenmitteln, 5–12 m
	Oberer Wellenkalk		Mergelkalk, knaurig, feinschichtig und flasrig, mit geringmächtigen Lutit-, Arenit- und Ruditbänken, 10–21 m
	Terebratulazone	Jena-F.	Untere und Obere Terebratulabank mit *Coenothyris vulgaris*, zwischen beiden Bänken Mergelkalkzwischenmittel, 3–8 m
	Mittlerer Wellenkalk		Mergelkalk, knaurig, wellig und feinschichtig sowie flasrig, mit geringmächtigen Lutit-, Arenit- u. Ruditbänken, 22–32 m
	Oolithzone		Untere und Obere Oolithbank, dazwischen Mergelkalk, 6–11 m
	Unterer Wellenkalk		Mergelkalk, knaurig, wellig, feinschichtig und flasrig, mit geringmächtigen Lutit-, Arenit- u. Ruditbänken, an der Basis mit Gelber Grenzbank, 32–40 m

Tabelle 6: Stratigraphie des Muschelkalks in Thüringen (LANGBEIN & SEIDEL 2002: 344)

Der Obere Muschelkalk erreicht Mächtigkeiten von 45 m – 75 m in Thüringen, wobei die größten Mächtigkeiten im Thüringer Becken erreicht werden. Vom Liegenden her wird der Obere Muschelkalk untergliedert in: Trochitenkalk, Gervilleienschichten, Disciteschichten, Cycloidesbank, Glaukonitbank und Glasplattenschichten (SEIDEL & LANGBEIN 2002: 345). Im Trochitenkalk gibt es mächtige und massive Kalkbänke, die durch einen hohen Anteil von Trochitenschill gekennzeichnet sind. Die stratigraphisch darauffolgenden Gervilleienschichten sind gekennzeichnet durch eine Kalkstein-Mergel-Wechsellagerung mit Bänken des Fossils *Hoernesia costa*, das biostratigraphisch als das Leitfossil dieser Zeiteinheit zu nennen ist. Weitere Schichten des Oberen Muschelkalks sind immer wieder durchzogen mit Fischschuppen (LANGBEIN & SEIDEL 2002: 345).

5.2 Kurze Einführung in die Geomorphologie des Thüringer Beckens

In naturräumlicher Hinsicht ist neben der Bodengestalt auch die Niederschlagsverteilung im Thüringer Becken von entscheidender Bedeutung. Im Zentralbereich sind Niederschläge um 500 mm/a üblich z. B. in Straußfurt (475 mm/a). Die Randhöhen z. B. Ringau, Oberes Eichsfeld oder Kyffhäuser erhalten im Schnitt 100 – 200 mm/a mehr Niederschlag. Dies hat zur Folge, das es eine entsprechende Bodenbildungsdifferenzierung gibt: Tschernosems bilden sich oberhalb von Löss und Keuperton im zentralen Beckenbereich. In den Außenbereichen des Beckens bilden sich Rendzina, Fahlerden sowie Braunerden. Die dominierenden Schichtstufen sind aus Wellen- und Trochitenkalken des Unteren und Mittleren Muschelkalks aufgebaut. Reliefbildend sind diese Schichtstufen in der Hainleite, dem Dün und dem Hainich, die sich im Norden und Westen des Thüringer Beckens befinden. Des Weiteren reichen diese Schichtstufen bis weit in den Süden des Beckens bis an den Thüringer Wald und zum Saaletal bei Jena hinein. Weiterhin reliefbestimmend ist die Wellenkalkschichtstufe für die Gebiete der Querfurter Platte, den Bleichröder Bergen, dem Ohmgebirge und dem Tannrodaer Gewölbe (RICHTER 1994: 508). Eine typische Ausbildung einer Schichtstufenlandschaft im Thüringer Becken ist in der folgenden Abbildung 19 nachvollziehbar dargestellt, wobei es sich dabei um ein Foto des Vorlandes und der Schichtstufe der Hainleite handelt. Der Aufnahmepunkt des Fotos ist der 245 m ü. NN hohe Michelberg. Zu sehen sind an den Hängen im Hintergrund typische Schichtstufen wie z. B. der Lauberkopf (374 m ü. NN).

Abbildung 19: Foto-Darstellung einer Schichtstufenlandschaft in der östlichen Hainleite (RICHTER 1994: 509).

Innerhalb der Schichtstufen kommt es immer wieder zu Quellerosion an der Grenze zwischen Kalk- und Tonstein. Bergrutsche treten oft im Zusammenhang mit der Auslaugung von Salzen und Gipsen aus Schichten des Röts auf. Eine starke Zergliederung hat die Schichtstufen am Nord- und Westrand des Beckens erfahren, wobei in diesen Gebieten die widerstandsfähigen Gesteine eine höhere Mächtigkeit aufweisen und z. B. die Denudationsbasis im Werratal wesentlich tiefer liegt als in vergleichbaren Gebieten des Zentral- und Südbeckens. Deswegen ist die über 200 m hohe Schichtstufe z. B. bei Eisenach durch besonders kräftige Vorsprünge wie dem Ringau und weiteren Buchten gekennzeichnet. In anderen Bereichen z. B. entlang der Sachsenburger Pforte ist die entsprechende Schichtstufe aufgrund der petrographischen Bedingungen eher gestreckt und weist daher auch eine geringe Gliederung aus. Vom Trauf hin zum zentralen Becken gibt es Hochflächen, die zunehmend absinken und an einigen Stellen mit Karsthohlformen durchzogen sind. Diese bestehen aus Mergeln des Oberen Muschelkalkes sowie des Unteren Keupers. Zusätzlich zu den Schichtstufen-Landterrassenreliefs gibt es im Untergrund zahlreiche Störungen, die die Ausbildung der Landschaften auch noch modifizieren. Zur Untergliederung des Thüringer Beckens sind vor allem die Creuzberger-Ilmenauer-, die Eichenberg-Gotha-Saalfelder-, die Finne-, und die Kyffhäuser-Störung zu nennen. Alle diese genannten Störungszonen sind als herzynisch streichende Gräben, Verwerfungen oder Überschiebungen ausgebildet und dabei meist über 100 km lang (RICHTER 1994: 509 – 510). Eine grafische Darstellung über die geographische Verteilung der Wellenkalkschichtstufe in Thüringen liefert die folgende Abbildung 20.

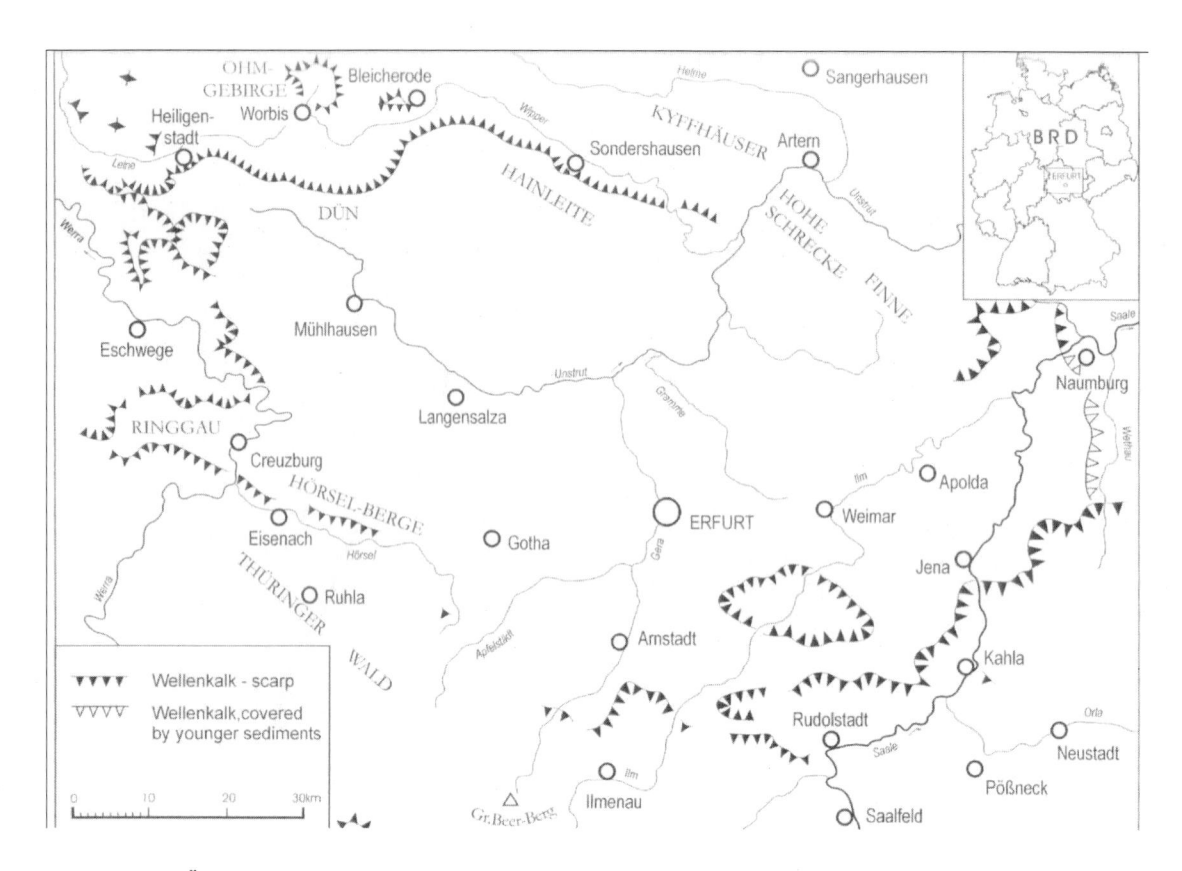

Abbildung 20: Übersicht über die regionale Verteilung der Wellenkalkschichtstufe in Thüringen (SCHMIDT & BEYER 2001: 47 verändert nach WEBER 1955)

5.3 Fallbeispiele für Massenbewegungen im Thüringer Becken

Generell gesehen sind Massenbewegungen eine wichtige Eigenschaft der Wellenkalkschichtstufe in Thüringen. Große Teile der Wellenkalkschichtstufe haben bereits im Verlauf des Holozäns eine Massenbewegung erfahren. Zu den typischen Massenbewegungen in Thüringen gehören unter anderem Blockrutschungen (vgl. Kap. 2). Felsstürze sind vorwiegend an steilen Wellenkalkstufen vorzufinden, wobei die Wellenkalkstufen bereits durch Bruchflächen vorgezeichnet sind. Teilweise befinden sich dort aber auch deplatzierte Wellenkalkblöcke, dir dort über eine frühere Rutschung bzw. einen früheren Sturz dort hingelangt sind. Fließungen sind in den Röt-Schichten des Schichtstufensockels zu finden, wobei diese meistens im Zusammenhang von Rutschungen im oberliegenden Wellenkalk stehen (SCHMIDT & BEYER 2001: 50 – 51).

5.3.1 Massenbewegungsindikatoren an der Wellenkalkschichtstufe

Eine typische Ausbildung der Wellenkalkschichtstufe im Thüringer Becken liefert die folgende Abbildung 21. Über dem Sockelbildner, der aus Röt-Schichten besteht, folgen die verschiedenen Schichten des Unteren Muschelkalkes. Es folgen in Richtung Schichtkamm die Schichten des Mittleren Muschelkalkes, die bereits eine erste Schichtstufe ausbilden. Die Hauptschichtstufe bilden die Schichten des Oberen Muschelkalkes aus, die sich am Schichtkamm befinden.

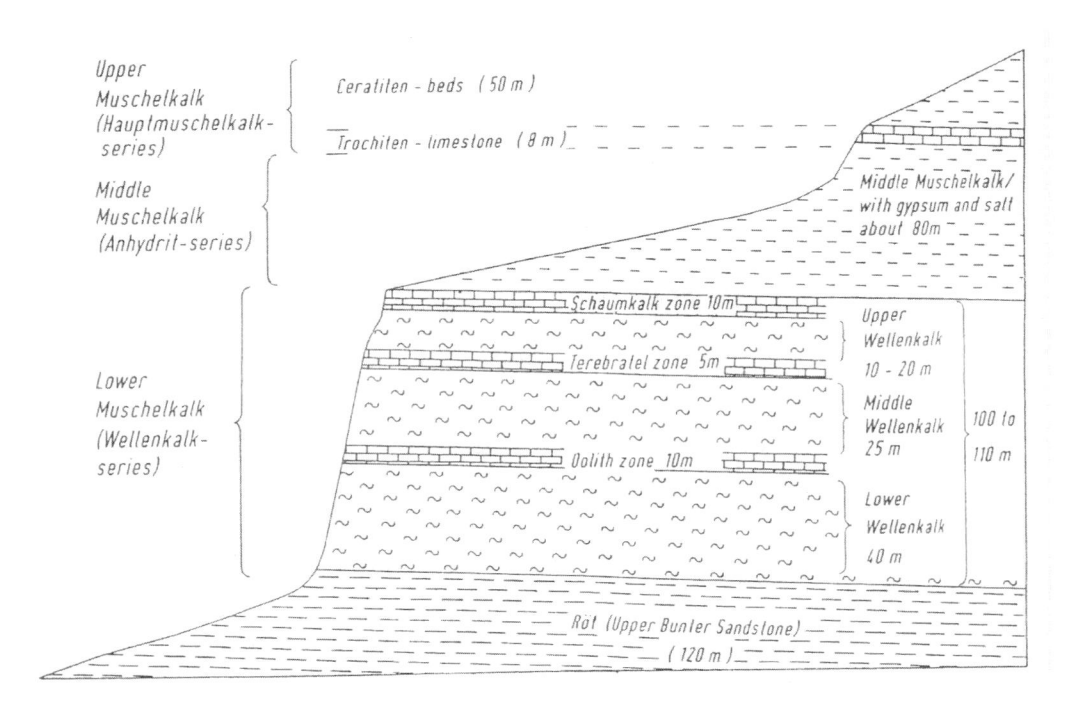

Abbildung 21: Typische stratigraphische Abfolge an der Wellenkalkschichtstufe des Thüringer Becken (SCHMIDT & BEYER 2001: 48)

Die Massenbewegungen an der Wellenkalkschichtstufe sind meistens zusammengesetzte Bewegungen verschiedener Richtungen, die in der folgenden Abbildung 21 gesondert für die Wellenkalkschichtstufe in Thüringen grafisch dargestellt werden. Es dominieren aber durchweg Rotationsrutschungen.

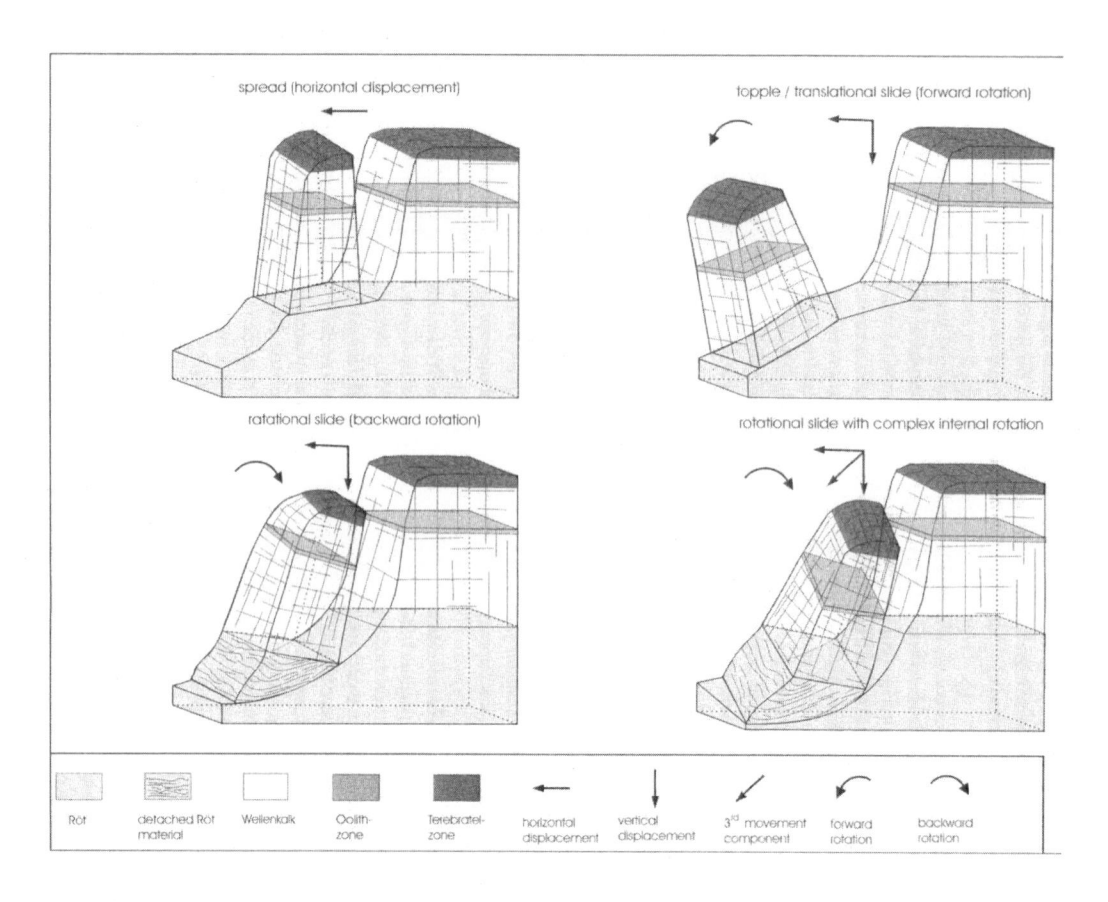

Abbildung 22: Blockprofilschaubild für verschiedene Bewegungsimpulse der Wellenkalkschichtstufe im Thüringer Becken (BEYER & SCHMIDT 1999 zit. in SCHMIDT & BEYER 2001: 52)

Die verschiedenen Einflussfaktoren sind für die Schichtstufen in einer Länge von 150 km systematisch kartiert und analysiert worden. Die Analyse wurde mithilfe von Feldmessungen sowie der Analyse der entsprechenden topographischen und geologischen Karten durchgeführt (SCHMIDT & BEYER 2001: 55).

Eine Zusammenschau dieser Analyse beinhaltet die folgende Tabelle 7, wo die entsprechenden Daten für Massenbewegungen in Süd-Thüringen dargestellt werden.

Number mass movement	Thickness Wellenkalk (m)	Thickness Röt (m)	Thickness ratio	Dip (°)	Direction of dip	Horizontal distance to base level (d_h) (m)	Vertical distance to base level (d_v) (m)	Ratio d_v/d_h	Aspect	Position in ground-plane	Type of scarp	Total scarp height (m)	Gradient (°)
1	60	50	0.8	10°SE	D	480	110	0.23	SE	P (F)	T+W	110	13
2	25	30	1.2	5°SE	D	180	55	0.30	SE	P (F)	T+W	100	17
3	65	30	0.5	3°NW	D	255	95	0.37	W	P (F)	T+W	95	20
4	55	35	0.6	10°SE	F	250	90	0.36	SE	P (F)	T+W	90	20
5	25	10	0.4	10°N	D	80	35	0.43	NW	P (F)	T+W	85	24
6	50	45	0.9	10°NW	D	260	95	0.36	NW	P (S)	T+W	130	20
7	45	65	1.4	4°NW	D	455	110	0.24	N	P (F)	T+W	145	14
8	35	45	1.3	2°N	A	290	80	0.27	N	P (F)	T+W	120	15
9	45	40	0.9	4°N	A	330	85	0.26	N	P (F)·	T+W	120	14
10	50	70	1.4	2°N	F	385	120	0.31	S	P (S)	T+W	120	17
11	45	70	1.6	3°NE	D	405	115	0.28	SW	P (F)	T	115	16
12	45	70	1.6	3°NE	D	440	115	0.26	SW	P (F)	T	115	15
13	75	55	0.7	4°NE	F	380	130	0.34	S	P (S)	T	130	19
14	35	35	1	10°N	D	270	70	0.26	W	P (F)	–	–	15
15	85	75	0.9	5°NW	F	515	160	0.31	S	P (F)	T+W	160	17
16	55	5	0.1	7°E	D	150	60	0.40	SE	P (F)	T	60	22
17	–	–	–	6°NE	–	–	–	–	S	S	P	–	–
18	–	90	–	10°NW	D	–	–	–	W	P (F)	T+W	140	–
19	50	60	1.2	9°SW	F	325	110	0.34	S	P (F)	T	110	19
20	55	40	0.7	2°E	D	255	95	0.37	SW	P (S)	T+W	100	20
21	45	55	1.2	3°N	D	310	100	0.32	SW	P (F)	T	135	18

F frontscarp; A backscarp; D diagonal scarp; P (F) projection (flank); P (S) projection (spur); S straight section; T trauf; T+W trauf with walm; P pass; – not determinable

Tabelle 7: Übersicht über die zusammengestellten Rutschungsereignisse in Süd-Thüringen und den entsprechenden Analysedaten (SCHMIDT/BEYER 2001: 55).

Zusätzlich zu diesen Analysen wurden statistische Tests durchgeführt, um zu prüfen, ob bestimmte Einflussfaktoren als signifikant für Massenbewegungen an der Wellenkalkschichtstufe sind. Was den Gesteinsinhalt und die Struktur des Sockel- und Stufenbildners angeht, gibt es in Thüringen an der Wellenkalkschichtstufe kaum Unterschiede. Die Mächtigkeit des Stufenbildners variiert von 30 m bis hin zu 100 m gesehen vom jeweiligen Trauf der entsprechenden Schichtstufe. Viele Blockrutschungen (55 %) wurden in der Oolith-Zone in Süd-Thüringen festgestellt, wobei dort die Mächtigkeit des Stufenbildners verhältnismäßig am geringsten ist. Der Sockelbildner (in der Regel bestehend aus Röt-Schichten) kann bis zu 120 m Mächtigkeit erreichen. Meistens ist aber nur ein Bruchteil dessen von der Erosion freigelegt worden. Durch die Auflösung von Gipsbänken ist es teilweise sogar so, dass die Mächtigkeit der Röt-Schichten in einigen Bereichen der Thüringer Senke reduziert worden ist. Daher ist die Mächtigkeit sehr stark schwankend und ist zwischen 5 m und maximal 90 m anzusetzen. Generell gilt, dass die Röt-Schichten mittels Erosion über eine freigelegt Mindestmächtigkeit verfügen müssen, um eine Massenbewegung in den Muschelkalkschichten auslösen zu können. Das ist eine Grundvoraussetzung dafür, dass die Röt-Schichten eine plastische Deformation erfahren können und so zur

Hanginstabilität beitragen können, was zu einer Massenbewegung im Muschelkalk führen kann. Das Verhältnis der Mächtigkeiten zwischen Stufen- und Sockelbildner liegt zwischen 0,1 und 1,6 bei vorhandenen Massenbewegungen. Massenbewegungen traten in allen Höhenkategorien der Schichtstufe zwischen knapp 50 m bis hin zu einer Höhe von mehr als 150 m auf und es gibt keinen signifikanten Zusammenhang zwischen der Schichtstufenhöhe und der Auftrittsfrequenz von Massenbewegungen (BEYER & SCHMIDT 1999 zit. in SCHMIDT & BEYER 2001: 55).

Zusammenfassend betrachtet führen die Gesteinseigenschaften der Hauptgesteine der Wellenkalkschichtstufe des Stufen- und Sockelbildners mit zu einer der aktivsten Schichtstufenlandschaften in Zentraleuropa. Der Wellenkalk verfügt über eine hohe Permeabilität und ist oftmals verkarstet. Die Röt-Schichten verfügen über eine hohe Anzahl an Tonmineralen, können plastisch reagieren und sind immer wieder von der Ausfällung von Gips-Einlagen betroffen (SCHMIDT & BEYER 2001: 55).

5.3.2 Klimatische Proxies für Massenbewegungen im Thüringer Becken

Im Thüringer Becken sind Daten von über 300 Stationen gesammelt worden, um eine Niederschlagsanalyse zu erstellen. Die meteorologischen Daten wurden für die Referenzperiode zwischen 1961 und 1990 erhoben. Der so erstellte Datenatlas enthält Daten mit Niederschlagsdauern von 15 Minuten bis hin zu 72 Stunden. Ebenso sind Ereigniswiedereintrittsintervalle erfasst worden und da liegt die Spanne zwischen einem Jahr bis hin zu 100 Jahren auf Basis der vorhandenen Daten. Generell betrachtet nimmt der ozeanische Einfluss von Westen nach Osten hin ab, wobei hingegen die Distanz zur Nordsee bzw. Atlantik zunimmt. Auf Schichtstufen, die nach Nordwesten ausgerichtet sind, entfällt aufgrund der aus dieser Richtung stammenden Hauptwindrichtung mit der meiste Niederschlag im gesamten Thüringer Becken. In Bereichen, die südöstlich im Thüringer Becken liegen wie z. B. die Städte Jena und Rudolstadt, fällt wesentlich weniger Niederschlag auch aufgrund von Lee-Effekten. Die Zentralbereiche und die tiefsten Bereiche der Thüringischen Senke erhalten mit knapp 500 mm Niederschlag pro Jahr mit am wenigsten in ganz Deutschland. Das Niederschlagsmaximum wird im Sommer und zwar in den Monaten Juli und August erreicht: Ein zweiter abgeschwächter Niederschlagshöhepunkt wird in den Wintermonaten erreicht. Die meisten Rutschungen wurden in der Vergangenheit in Zeiten ausgelöst, die mit einer erhöhten Feuchtigkeit gekennzeichnet gewesen waren. Daher ist dieser Aspekt sehr wichtig in Verbindung mit dem Auftreten von Massenbewegungen. In Kurzereignissen gibt es die größten Niederschlagsintensitäten mit 16 – 18 mm Niederschlag pro Stunde am Westrand des Beckens bei Eschwege. In zentralen Bereichen rund um Erfurt werden hingegen maximal Niederschlagsintensitäten von bis zu 14 mm Niederschlag pro Stunde erreicht. Ähnliche verhältnismäßig geringe Niederschlagsintensitäten werden auch in den südlichen, nördlichen, sowie östlichen Gebieten des Beckens erreicht. Bei längeren Ereignissen sind die größten Niederschlagsintensitäten bei verhältnismäßig geringen Wiederholungsfrequenzen mit 90 - 110 mm Niederschlag in 48 Stunden in einem Wiederholungszeitraum von 50 Jahren zu beziffern (DEUTSCHER WETTERDIENST 1997 zit. in SCHMIDT & BEYER 2002: 326-327). Die Darstellung der jährlichen mittleren Niederschlagsspitzen im Thüringer Becken findet sich in Abbildung 23 wieder. Es geht deutlich hervor, dass gemessen an der Niederschlagsmenge der Nordwesten Thüringens deutlich vor der Zentralregion rund um Erfurt zu zählen ist.

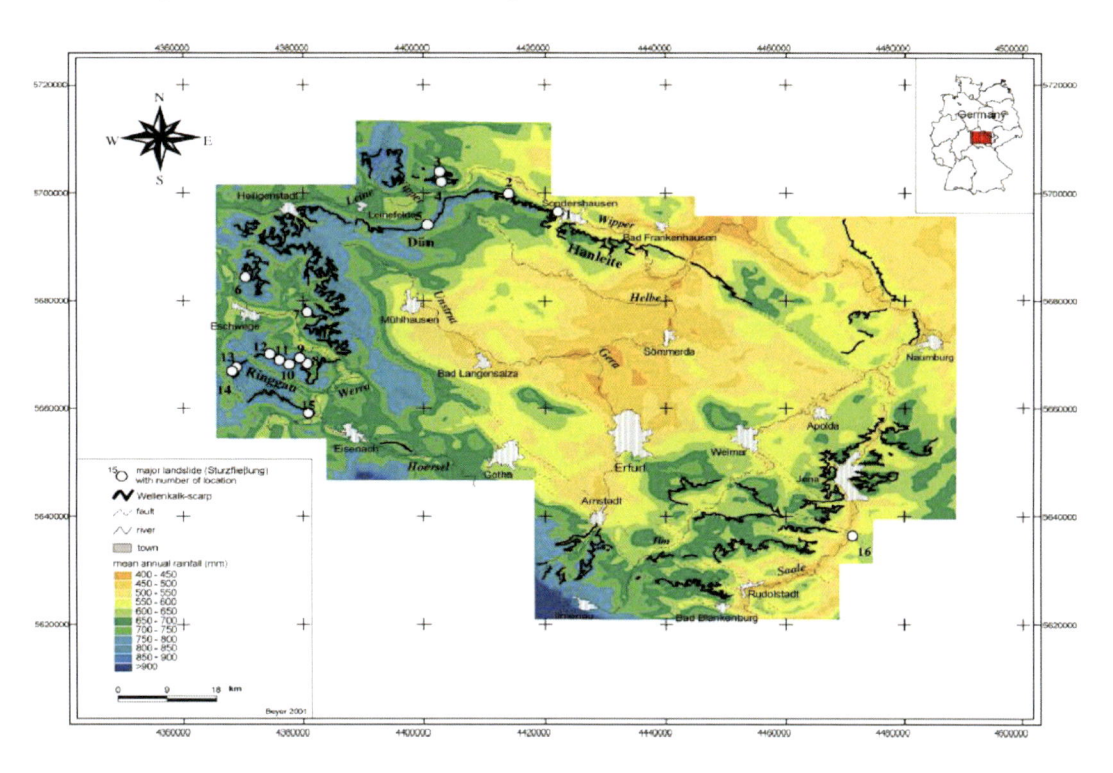

Abbildung 23: Darstellung des mittleren jährlichen Niederschlags im Thüringer Becken (SCHMIDT & BEYER 2002: 325).

Zu besseren Anschauung erfolgt nun eine Zusammenstellung von 16 Rutschungen in Tabelle 8, die sich an der Wellenkalk-Schichtstufe in verschiedensten Bereichen Thüringens ereignet haben. Außerdem liefert die Tabelle 8 Informationen zu den Lokationen, den morphometrischen Eigenschaften und die exakte Position der Rutschung bzw. Massenbewegung an der entsprechenden Schichtstufe. Zu den morphometrischen Daten gehören die Mächtigkeit des Stufenbildners, die Mächtigkeit des Sockelbildners, das Verhältnis der Mächtigkeiten zueinander, der vertikale (d_v) / horizontale (d_h) Versatz vom Ursprung der Rutschung bis zum Standpunkt der Deposition, das Verhältnis der Versatze zueinander (d_v/d_h), der Rutschungswinkel und die Position im Untergrund sowie deren himmelsräumliche Ausrichtung. Zusätzlich werden aber auch noch die stratigraphischen Gegebenheiten dargestellt (SCHMIDT & BEYER 2002: 334-335).

Number	Longitude	Latitude	Name of location	Width of Sturzfließung [m]	Thickness of caprock measured from so/mu1 boundary top of surface of rupture [m]	Thickness of soft rock measured from scarp foot to so/mu1 boundary [m]	Thickness ratio
1	5694433	4418900	Frauenberg	150	95	65	0.7
2	5698001	4409880	Wöbelsburg	140	60	55	0.9
3	5702386	4397519	Krajaer Kopf	120	70	95	1.3
4	5700311	4397853	Teichkopf	155	65	25	0.4
5	5691899	4395444	quarry Deuna	130	55	65	1.2
6	5681524	4362685	Hörne	90	65	115	1.8
7	5674658	4373842	Plesse	250	85	120	1.4
8	5664523	4373808	near Heldrastein	280	110	50	0.4
9	5665623	4372446	Dreiherrenstein	70	85	75	0.9
10	5664345	4370463	south of Rambach	90	65	60	0.9
11	5665247	4368743	Manrod	140	80	55	0.7
12	5666393	4367005	Rabenkuppe	140	115	65	0.6
13	5663826	4360981	near Schickeberg	100	60	65	1.1
14	5663041	4360235	Schickeberg	100	90	45	0.5
15	5654773	4373994	Kielforst	350	85	30	0.4
16	5630251	4471880	Dohlenstein	180	100	95	0.9

F, frontscarp; A, backscarp; D, diagonal scarp; P (F), projection (flank); P (S), projection (spur); S, straight section; so/mu1 boundary, Upper Buntsandstein (Röt)/Lower Wellenkalk boundary; mu1, Lower Wellenkalk; o, Oolith zone; mu2, Middle Wellenkalk; t, Terebratel zone; x, Schaumkalk zone; –, no data.

Tabelle 8: Übersicht über verschiedene Rutschungsereignisse im Thüringer Becken und Darstellung des erfassten Datensatzes zu den jeweiligen Rutschungen (SCHMIDT & BEYER 2002: 334).

Die Lokationen wurden über Feldarbeiten und dem Kartieren von Rutschungsmorphologien identifiziert. Mit Fernerkundungsmethoden wäre keine vollständige Analyse möglich gewesen, da diverse ältere Rutschungen mittlerweile von dichter Wald-Vegetation überprägt worden sind. Die größten Rutschungen sind dabei in den westlichen und nordwestlichen Bereichen der Wellenkalk-Schichtstufen anzusetzen. Eine Rutschung (*quarry Denna*) ist im Jahr 1975 durch menschliche Aktivität ausgelöst worden: Dort wurden Röt-Tone gefördert und diese Förderung führte schlussendlich zu einer Hanginstabilität, die eine große Rutschung ausgelöst hat. Alle anderen aufgelisteten Rutschungen (vgl. Tabelle 8) sind ohne offensichtliche menschliche Aktivität ausgelöst worden. Lokation Nr. 16 (Dohlenstein, südlich von Jena) geht zurück auf eine spezielle Tektonik: Der Dohlenstein befindet sich in einer tektonischen Grabenstruktur und bildet so einen isolierten Wellenkalk-Auswurf, der aufgrund einer Reliefinversion existiert. Der Fluss

Saale fließt direkt am Fuß des Dohlensteins entlang und hat möglicherweise einen Beitrag zur Destabilisierung des Hanges beigetragen (SCHMIDT & BEYER 2002: 334).

Wie bereits erwähnt traten bisher die größten Rutschungen im Nordwest-Bereich des Thüringer Beckens auf. Grund dafür ist nach Untersuchungen von SCHMIDT & BEYER 2002 eine Kombination aus morphometrischen und klimatischen Komponenten. Nach Norden bzw. nach Westen exponierte Hänge sind bevorzugt bzgl. der Niederschlags- und Feuchtigkeitsverfügbarkeit. Grund dafür ist die direkte Ausrichtung in Richtung der Hauptwindsysteme, die als Feuchtigkeitslieferanten an erster Stelle dienen. Der Großteil der nach Norden oder Westen exponierten Schichtstufen befindet sich im Norden, Westen und Nordwesten des Thüringer Beckens (SCHMIDT & BEYER 2002: 335-336).

Nach einer intensiven Analyse der meteorologischen Daten ist mehr als eindeutig, dass Rutschungserereignisse an der Wellenkalkschichtstufe im Thüringer Becken mit Starkniederschlagsereignissen zu korrelieren sind und letztendlich mit durch jene ausgelöst werden. Allerdings muss auch noch erwähnt werden, dass lediglich zu einem Bruchteil der dargelegten Ereignisse meteorologische Daten verfügbar sind. Zu 7 der 16 dargestellten Rutschungen aus Tabelle 8 gibt es keine meteorologischen Daten (SCHMIDT & BEYER 2002: 339). Dennoch gehen SCHMIDT & BEYER 2002 davon aus, dass auch andere Massenbewegungsereignisse auf Extremniederschläge zurückzuführen sind. Die kritische Niederschlagsgrenze liegt demnach wohl bei 700 mm / a, da außer beim Dohlenstein die Rutschungsereignisse von großen Ausmaßen nur an Wellenkalkschichtstufen auftraten, wenn mehr als 700 mm Niederschlag pro Jahr gemessen worden sind. Zu den mittleren Jahresniederschlägen kommen auch noch Faktoren wie Niederschlagsintensität und –dauer hinzu, die z. B. wiederum einen direkten Einfluss auf den Porenwasserdruck haben (SCHMIDT & BEYER 2002: 339).

5.3.3 Baupraktische Probleme an der Wellenkalkschichtstufe

An der Steilstufe der Wellenkalkschichtstufe im Thüringer Becken kann zwischen Fallbewegungen, Blockbewegungen, Rutschungen entlang zylindrischen Gleitflächen und Kriech- bzw. Fließbewegungen als Formen von Massenbewegungen unterschieden werden (JOHNSEN & KLENGEL 1973: 234). Bei den Rutschungen entlang von zylindrischen Gleitflächen ist es in der

Regel so, dass sich diese Form der Massenbewegung an den Steilstufen der Wellenkalkschichtstufe unter folgenden Bedingungen entwickeln kann:

> (a) Im Bereich des Rötausstrichs in einer durch Auslaugungserscheinungen und Verwitterung, vor allem aber durch Frost beeinflussten Zone; (b) in den die Rötschichten überlagernden Hang- und Solifluktionsschuttdecken unter Einbeziehung der Verwitterungszone des Röts; und (c) in Gebieten mit mächtigen Rutschmassen vorangegangener Blockbewegungen unter Einbeziehung der Wurzeln von Wellenkalkblöcken (JOHNSEN & KLENGEL 1973: 236).

Als wichtigste primäre Ursachen für Massenbewegungen an der Wellenkalkschichtstufe sind die Folgenden zu betrachten:

> (1) Auslaugung des Rötsalinars und damit verbundene Senkungserscheinungen als Folge eines Massendefizits; (2) Entspannungserscheinungen; (3) Plastifizierung unterlagernder Schichten; (4) Denudation und Erosion; (5) Gravitation;(6) Quellungsdruck; (7) Verlauf und Ausbildung der Klüfte; (8) talwärts einfallende Schichten; (9) extreme Witterungsbedingungen (JOHNSEN & KLENGEL 1973: 237).

Erdfälle, die sich am Hangfuß der Steilstufe befinden, sind oftmals Zeugen von Auslaugungserscheinungen. Im Hinterland der Steilstufe kommt es morphologisch gesehen zum Auftreten von Auslaugungsinseln, die als kleine Depressionen auch erkennbar sind. Meistens finden sich solche Auslaugungsinseln im Bereich von Klüften, Störungs- und Verkarstungszonen. Potentielle Blockbewegungen gibt es dann, wenn sich die Steilstufe während ihrer Rückwärtsverlegung den Depressionen annähert bzw. letztendlich erreicht (JOHNSEN & KLENGEL 1973: 237). Entspannungserscheinungen äußern sich an der Wellenkalkschichtstufe in Form von Entspannungsklüften, die sich parallel oder subparallel zur Steilkante befinden. Die besondere Form der Druckentlastung kommt besonders häufig in den Röttonsteinen vor und es erhöht sich gleichzeitig deren Wasseraufnahmekapazität. Als Ursache für die erhöhte Wasseraufnahmekapazität sind auch die Auslaugungserscheinungen des Rötsalinars zu nennen. Besonders an der Steilkante kommt es in Folge neben dieser Auflockerung auch mit anderen Bewegungsursachen zu Überlagerungseffekten, die final im Laufe der Zeit zu Blockbewegungen führen. Genau genommen führt die erhöhte Wasseraufnahmekapazität der Röttone zu einer erhöhten Plastifizierung der Schichten. Die Wellenkalkblöcke setzen sich in Bewegung, wenn die Scherfestigkeit des plastischen Materials überschritten wird. Zusätzlich kommt es bei den plastifizierten Röttonen zu Ausquetschungserscheinungen, die bei Starkniederschlagsereignissen in Fließungsbewegungen übergehen können (JOHNSEN & KLENGEL 1973: 238-239). Blockbewegungen deuten sich direkt hinter der Steilstufe zunächst durch unterhalb der Humusdecke entstandene Abrissspalten an, die wiederum ihre Orientierung am orthogonalen Kluftsystem des Wellenkalkes finden. Die Klüfte können bogenförmig verlaufen, von Kluft zu Kluft überspringen, und sind sehr oft an den Flanken der Ausbruchnische zu finden. Abrissspalten konnten bei Untersuchungen bis in ca. 60 m Entfernung von der Schichtstufensteilkante nachgewiesen werden (JOHNSEN & KLENGEL 1973: 242). Selbiges kann in Abbildung 24 nachvollzogen werden.

Abbildung 24: Fotoaufnahme einer Abrissspalte ca. 60 m von der Schichtstufensteilkante entfernt (JOHNSEN & KLENGEL 1973: 24).

Falls das natürliche Gleichgewicht von einem Hang gestört wird z. B. durch Baumaßnahmen, können vorhandene Rutschungsbewegungen reaktiviert werden. Erste Bewegungen werden an der Grenze Röt/Hangschutt ausgelöst, teilweise aber auch an Hang- und Solifluktionsdecken verschiedenen Alters (JOHNSEN & KLENGEL 1973: 246 – 247). Einfluss auf den Mechanismus und den Verlauf der Bewegung haben die folgenden Faktoren:

(a) Lage der Gleitzone, (b) Neigung der Gleitzone, (c) Konsistenz der Gleitzone, (d) das Material des Rutschkörpers, und (e) die Spannungsverhältnisse (JOHNSEN & KLENGEL 1973: 247).

Der weitere Verlauf der Ausgleichsbewegungen führt zu einem Übergang der Bewegungen auf höher am Hang liegende Schichten bis hin zur Steilstufe, wobei es auch möglich ist, dass nach der Steilstufe auch das Hinterland erfasst wird. So sind auch größere Blockbewegungen möglich, die dann teilweise auch eine Reaktivierung von Blockbewegungen früherer Epochen auslösen können. Daher sind Kenntnisse über den Verlauf von möglichen Blockbewegungen an der Wellenkalkschichtstufe von entscheidender Bedeutung bzgl. möglicher Bauvorhaben. Paläoblockbewegungsgebiete aus dem Pleistozän und dem Holozän sollten nach JOHNSEN & KLENGEL 1973 möglichst bei geplanten Baumaßnahmen gemieden werden, was sowohl für Verkehrs- als auch für Industriebauten gilt. Falls Bauvorhaben dennoch durchgeführt werden, sollte nach dem „Prinzip der kleinsten Massenbewegungen" vorgegangen werden, wobei im Verlauf der Bau- und Erschließungsmaßnahmen so wenig Masse wie möglich auf- bzw. abgetragen wird, um die Hangstabilität an Steilstufen möglichst wahren zu können (JOHNSEN & KLENGEL 1973: 247).

5.3.4 Messungen an Blockbewegungen der Wellenkalkschichtstufe

Die Wellenkalk- und Rötsedimente sind durch anhaltende Erosion im Thüringer Becken freigelegt worden. Weiterhin sind diese Sedimente sehr prägend für das Thüringer Becken und können auch über eine hohe Mächtigkeit verfügen (vgl. Kap. 5.1). In der Vergangenheit ist eine Reihe an Messungen durchgeführt worden, um Blockbewegungen und den dazugehörigen Versatz nachweisen und ermitteln zu können. Nach langer Auswahl wurden 4 Lokationen für diese Langzeitmessungen, die in JOHNSEN & SCHMIDT (2000) näher behandelt werden, ausgewählt (JOHNSEN & SCHMIDT 2000: 96). Die Messstationen mit der jeweiligen durchgeführten Messperiode sind in Tabelle 9 aufgeführt.

Nr.	Schichtstufenhang	In der Nähe von (Stadt)	Messperiode in Monaten und Jahren
1	Kammerlöcher	Arnstadt	10.1973 – 08.1997, 09.1997
2	Diebeskrippe	Jena	11.1971 – 04.1988, 07.1997
3	Frauenberg	Sondershausen	08.1973 – 05.1988, 08.1997
4	Bleicheröder Berge	Bleicherode	10.1972 – 09.1989, 06.1995 – 08.1997

Tabelle 9: Darstellung der Messstationen und der Messperiode (Eigene Darstellung nach JOHNSEN & SCHMIDT 2000: 96).

Bevor allerdings Messungen in einem akzeptablen Maß durchgeführt werden können bedarf es zunächst der Beseitigung einiger Basisprobleme. Zunächst einmal muss die wahrscheinliche Messergebnisreichweiter bestimmt werden. Des Weiteren sollte geklärt werden, was für eine Präzision für die jeweilige Messmethode benötigt wird. Ebenfalls sollte vorher die noch die tolerierbare Fehlerquote und Fehlerreichweite bestimmt werden. Daher sollten vorher mögliche Fehlerquellen in einer Voranalyse mit berücksichtigt werden. Ebenfalls müssen Kompromisse zwischen technischen Möglichkeiten und finanziellen Vorgaben getroffen werden. Ebenso müssen die Messmethoden an den entsprechenden Schichtstufenhang angepasst werden (JOHNSEN & SCHMIDT 2000: 96).

Für die vier Beispielregionen sind jeweils Versatzmessungen mit einem Stahlmessband (engl. *steal tape measurement*) durchgeführt worden. Anhand der Messungen ist es auch möglich geomorphologische Karten zu erstellen, die den gemessenen Versatz grafisch darstellen (JOHNSEN & SCHMIDT 2000: 99). Für die Lokationen 3 und 4 folgt nun eine entsprechende geomorphologische Kartendarstellung in den Abbildungen 25 und 26. Dargestellt sind neben den Versatzen auch die Vermessungsprofile, die am „Frauenberg" und an den „Bleicheröder Bergen" genommen worden sind.

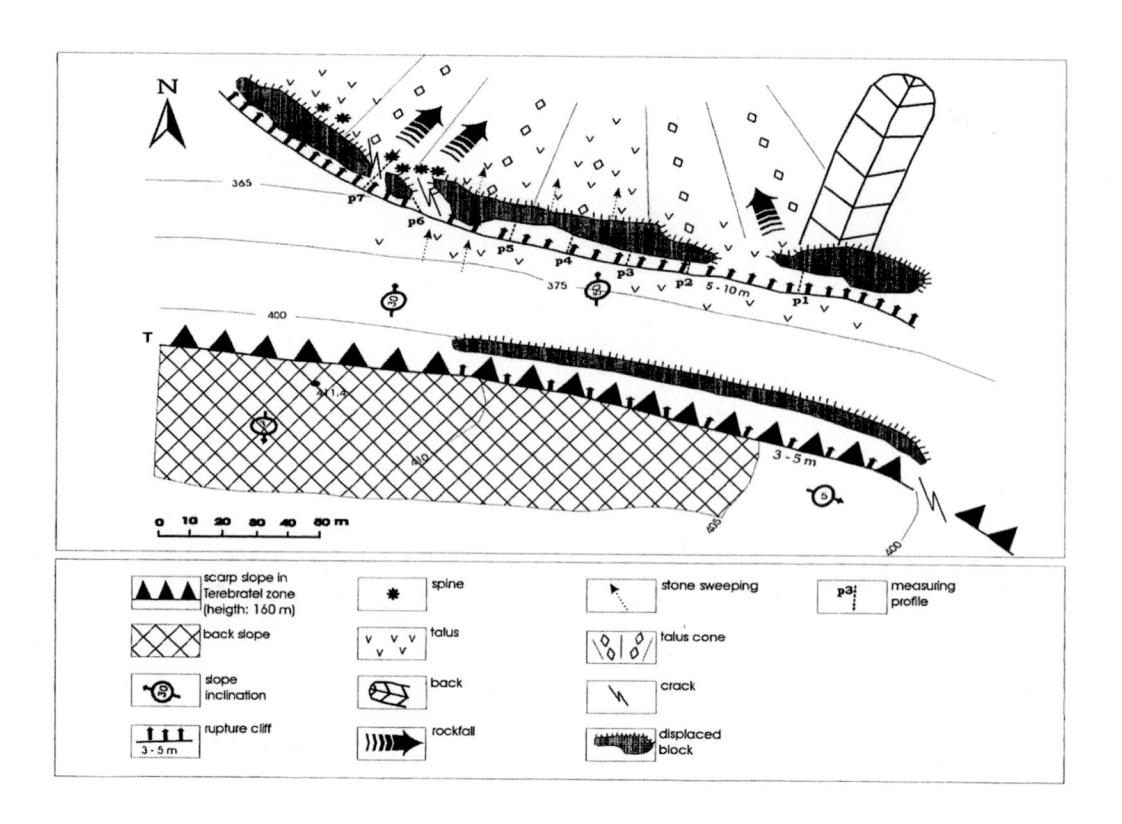

Abbildung 25: Geomorphologische Karte der Lokalität „Frauenberg" (JOHNSEN & SCHMIDT 2000: 98).

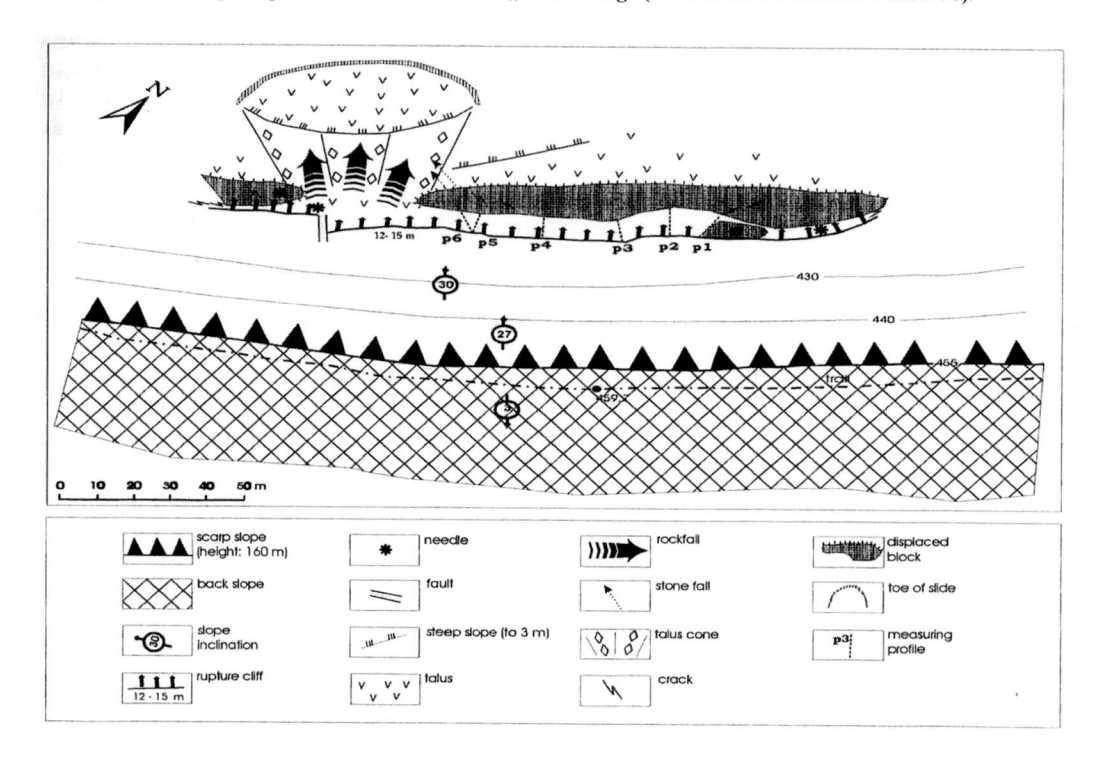

Abbildung 26: Geomorphologische Kartierung an der Lokalität „Bleicheröder Berge"
(JOHNSEN & SCHMIDT 2000: 99).

Die tatsächlichen Versatze für die Beispielregion sind in Tabelle 10 illustriert. In dieser Tabelle werden aber nun alle 4 Lokalitäten bzgl. ihrer Versatze berücksichtigt.

Nr.	Messstation	min. Versatz	max. Versatz	durchschn. Versatz	Verhältnis (max./min.)
1	Kammerlöcher	33 mm/a	99 mm/a	80 mm/a	3,0
2	Diebeskippe	101 mm/a	170 mm/a	141 mm/a	1,7
3	Frauenberg	52 mm/a	173 mm/a	107 mm/a	3,3
4	Bleicheröder Berge	106 mm/a	1026 mm/a	538 mm/a	9,7

Tabelle 10: Blockbewegungen bzgl. ihrer Versatzraten im Jahr gemessen an den 4 Lokalitäten (Eigene Darstellung, verändert nach JOHNSEN & SCHMIDT 2000: 100).

Die Messungen ergaben, dass alle 4 untersuchten Schichtstufenhänge von aktiven Blockrutschungen betroffen waren. Der minimalste Versatz wurde mit 33 mm / a am Kammerlöcher in Profil 10 gemessen. Direkt dahinter folgt Profil 6 am Frauenberg mit 52 mm / a gemessene Versatzbewegung. Der maximal gemessene Versatz wurde an Lokalität 4 bei den Bleicheröder Bergen in Profil 5 und Profil 4 mit jeweils 1026 mm bzw. 745 mm gemessen. Im Vergleich zu den anderen Messstationen wurden insgesamt die größten Versatzraten an den Bleicheröder Bergen gemessen. In der Beobachtungsphase haben sich die an allen Messorten Blöcke bewegt. Es gab nur vereinzelte Phasen, in denen die Bewegung vermindert oder gar ausgesetzt hatte. Bei den 11 Bewegungsprofilen, die am Kammerlöcher gemessen worden sind, ist eine fast konstante Bewegungsrate festgestellt worden. Kriechbewegungen an den Rötschichten werden dann beschleunigt, wenn eine entsprechende Feuchtigkeit vorhanden ist bzw. entsprechender Niederschlag fällt. Die Rötschichten reagieren in der Regel plastisch, wobei die Scherspannung reduziert wird und Kriechbewegungen als direkte Folge dieser Abläufe zu nennen sind. Die Messungen an Station 3 und 4 wurden mit den monatlichen und jährlichen Niederschlagsdaten im Entwässerungssystem der oberen Wipper verglichen. Der Vergleich erfolgte für den Zeitraum zwischen 1972 und 1988. Die Vergleiche bewiesen, dass die Bewegungen meistens schon nach ein paar Monaten nach Extremniederschlagsereignissen angesetzt haben (JOHNSEN & SCHMIDT 2000: 101-102). Die zusammenaddierten Bewegungen für die Station 3 (Frauenberg) werden mit den jährlichen Niederschlagsdaten des Wippereinzugsgebietes in Abbildung 27 verglichen. Es ist sehr gut ersichtlich, dass die zeitversetzte Erhöhung der Massenbewegungsrate mit Niederschlagsspitzen des Wippereinzugsgebietes unmittelbar zusammenhängt.

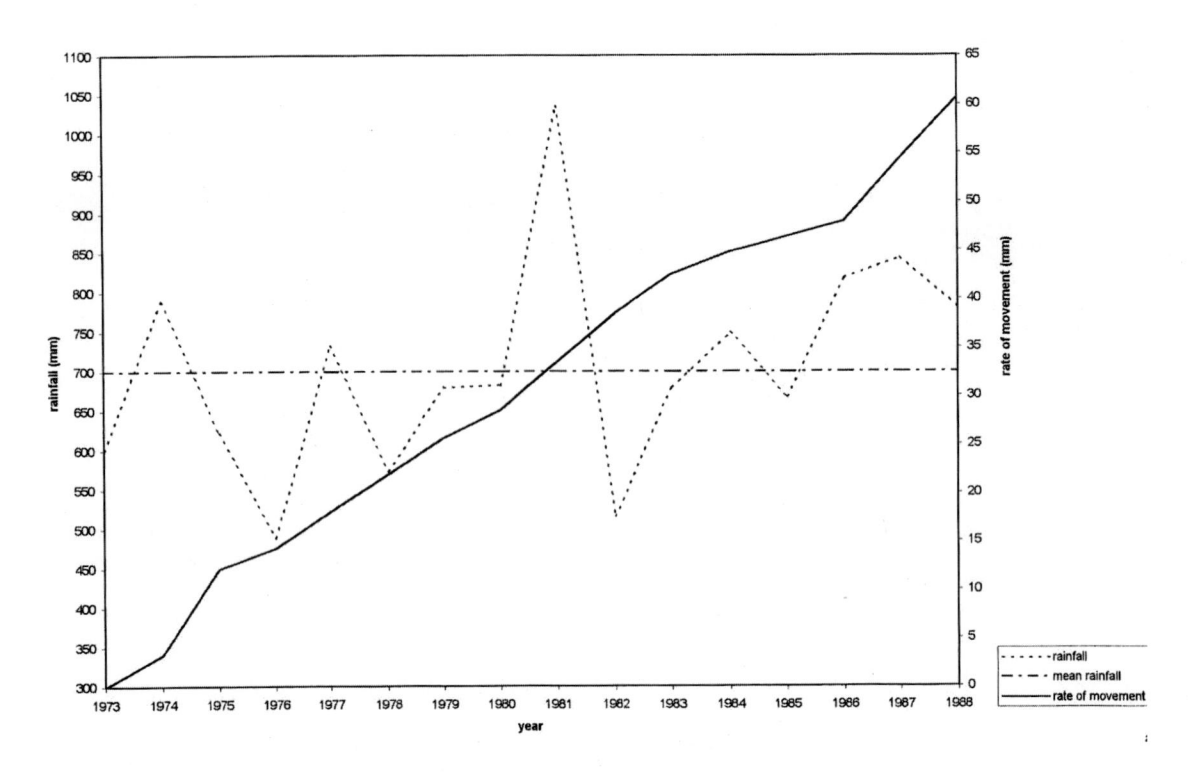

Abbildung 27: Vergleich der kumulierten Massenbewegungsraten der Station 3 (Frauenberg) mit Niederschlagsdaten des Einzugsgebietes der Wipper (Verändert nach: JOHNSEN & SCHMIDT 2000: 106).

6 Zusammenfassung

In den Schichtstufenlandschaften der Schwäbischen Alb und des Thüringer Beckens sind Massenbewegungen das Ergebnis des Ausgleiches von Hanginstabilitäten, die durch verschiedene Ursachen ausgelöst werden. In beiden Regionen sind vor allem Starkniederschlagsereignisse als Hauptursache für die Initiierung von Massenbewegungen an den Schichtstufen aufzuführen. Eine besonders hohe Massenbewegungs-Suszebilität liegt dann vor, wenn die Starkniederschlagsereignisse auf besonders trockene Perioden folgen und die entsprechenden Tonschichten weniger Wasser aufnehmen können und so als potentielle Gleitbahnen für die Massenbewegungen fungieren. Besonders gefährdet sind Nord- bzw. Nordwest exponierte Hänge, da diese direkt entgegen der Hauptwindrichtung in Deutschland stehen und aufgrund von Luv- bzw. Lee-Effekten einen höheren Niederschlag aufzuweisen haben. Der erhöhte Niederschlag erhöht das Risiko einer Massenbewegung immens. Eine weitere Besonderheit sind im Thüringer Becken die Röt-Salinare, die bei Wasserkontakt zur Auslaugung neigen und somit durch ihre Volumenveränderung auch zu Hanginstabilitäten führen können. Neben den klimatischen Einflüssen sind auch die Einflüsse der Denudation und Erosion als Ursache für Massenbewegungen in beiden Regionen zu nennen. Ein vorhandenes Gerinnebett sorgt dafür, dass das erodierte Material am Hang transportiert werden kann. Des Weiteren kann ein solches Gerinnebett mittels rückschreitender Erosion auch dazu führen, dass ein Schichtstufenhang in bestimmten Zonen instabil wird und so Massenbewegungen entstehen können und als direkte Folge der Instabilität des jeweiligen Hanges anzusehen sind. Zu unterschätzen ist aber auch nicht der Einfluss der vorhandenen geologischen Schichten: Denn diese sind maßgeblich für die Mechanik der entsprechenden Massenbewegungen. In beiden Regionen befinden sich massive und verwitterungsanfällige Kalksteine bzw. Mergelsteine über Tonsteinen bzw. teilweise auch Tonlagen, die nach Überschreitung der Wasseraufnahmekapazität plastisch reagieren und so z. B. als Gleitbahnen für Translationsrutschungen dienen. Unterschiedlich ist hingegen unter anderem der Ursprung der Schichten: In Thüringen handelt es sich um Ablagerungen aus dem Germanischen Becken bzw. genau genommen aus dem Muschelkalk. In Süddeutschland und insbesondere in der Schwäbischen Alb sind es Sedimente aus dem Jura. Das Problem der Auslaugung von Salinaren bei Wasserzufluss gibt es in der Schwäbischen Alb allerdings nicht. Ebenfalls ist in beiden Regionen noch der anthropogene Faktor zu beachten: Durch Baumaßnahmen (Gebäude-, Straßenbau etc.) kann es dazu kommen, dass die kritische Höhe eines Hanges durch Materialabtrag für die Baumaßnamen überschritten wird und so Massenbewegungen die Folge sind. Ebenfalls besteht die Möglichkeit, dass fossile Massenbewegungen bzw. Massenbewegungsgleitbahnen aus dem Pleistozän durch solche Bauvorhaben reaktiviert werden können. Als Beispiel dient insbesondere das in der Ausarbeitung erwähnte Baugebiet „Gewann Auchtert" bei Mössingen, das nach heutigem Kenntnisstand hätte nie gebaut werden dürfen. An vielen Gebäuden im „Gewann Auchtert" sind heutzutage Gebäudeschäden mehr als charakteristisch und gehen auf eine fossile Gleitfläche zurück, die durch die Baumaßnahmen reaktiviert worden ist.

Es gibt noch diverse weitere Ursachen, die zur Einleitung von Massenbewegungen führen können. Letztendlich sind die Effekte nicht zu verachten, die entstehen können, wenn mehrere Ursachen sich gleichzeitig überlagern z. B. ein Erdbeben und ein Starkniederschlagsereignis. Eine solche Überlagerung führt dazu, dass die Ausmaße von initiierten Massenbewegungen deutlich größer werden und sich auch die Reichweite von Massenbewegungen vergrößert. Auch wenn in beiden Beispielregionen der Ausarbeitung bereits viele geomorphologische & geologische Untersuchungen vorangetrieben worden sind, ist es unerlässlich vor allem in Bezug auf geplante Bauvorhaben an den Schichtstufenhängen detaillierte neue Untersuchungen, die die Hangstabilität prüfen, folgen zu lassen. Ebenso ist die weitere Beobachtung der bereits kartierten und untersuchten Hänge von besonderer Bedeutung, vor allem für den Informationskenntnisstand der ansässigen Bevölkerung sowie Kommunen.

Literaturverzeichnis

AHNERT, F. (2003³): Einführung in die Geomorphologie. Stuttgart: Ulmer.

ALTMANN, H.-J. (1965): Beiträge zur Kenntnis des Rhät-Lias-Grenzbereichs in Südwest-Deutschland. Dissertation. Tübingen: Universität Tübingen.

BEYER, I., SCHMIDT, K.H. (1999): Untersuchungen zur Verbreitung von Massenverlagerungen an der Wellenkalk-Schichtstufe im Raum nördlich von Rudolstadt (Thüringer Becken). In: Hallesches Jahrbuch der Geowissenschaften, A, 21: 67-82.

BLOOS, G., DIETL, G., SCHWEIGERT, G. (2002): Der Jura Süddeutschlands in der Stratigraphischen Tabelle von Deutschland 2002. In: Newsletter on Stratigraphy 41: 263 – 277.

BLOOS, G. (2006): Jura. In: Geologischer Karte von Baden-Württemberg 1:25.000, Erläuterungen zum Blatt 7321 Filderstadt: 26-60. Freiburg i. Br.: Landesamt für Geologie, Rohstoffe und Bergbau.

DEUTSCHER WETTERDIENST (1997): Starkniederschlagshöhen für Deutschland – KOSTRA Atlas. Offenbach a.M..: Deutscher Wetterdienst.

DEUTSCHER WETTERDIENST (2012): Langjährige Niederschlagsmittelwerte für den Referenzzeitraum 1960-1990 der einzelnen Messstationen – Download der Mittelwerte des Niederschlags bezogen auf den aktuellen Standort. < http://www.dwd.de/bvbw/appmanager/bvbw/dwdwwwDesktop?_nfpb=true&_pageLabel=_dwdwww_klima_umwelt_klimadaten_deutschland&T82002gsbDocumentPath=Navigation%2FOeffentlichkeit%2FKlima__Umwelt%2FKlimadaten%2Fkldaten__kostenfrei%2Fausgabe__mittelwerte__akt__node.html%3F__nnn%3Dtrue > abgerufen am 05.08.2012.

DIKAU, R., GLADE, T. (2002): Gefahren und Risiken durch Massenbewegungen. In: Geographische Rundschau 54 (1), 38-45.

DLOCZIK, M., SCHÜTTLER, A., STERNAGEL, H.(1990): Der Fischer Informationsatlas Bundesrepublik Deutschland. – Karten, Grafiken, Texte und Tabellen. Frankfurt a. M.: Fischer Taschenbuch Verlag.

DONGUS, H. (1977): Die Oberflächenformen der Schwäbischen Alb und ihres Vorlandes. Marburg: Geographisches Institut der Universität Marburg (= Marburger Geographische Schriften 72).

DONGUS, H. (2000): Die Oberflächenformen Südwestdeutschlands. Berlin: Gebrüder Borntraeger.

GEYER, O.F., GWINNER M. P. (2011⁵): Geologie von Baden-Württemberg. Stuttgart: Schweizerbart.

GOODWIN, C.G., PACK, R.T., TARBOTON, D.G. (1999): SINMAP – A Stability Index Approach to Terrain Stability Hazard Mapping. < http://digitalcommons.usu.edu/cgi/viewcontent.cgi?article=1015&context=cee_facpub > abgerufen am 05.08.2012.

GOUDIE, A. (2002⁴): Physische Geographie. Berlin: Spektrum.

HALLAM, A. (1992): Phanerozoic sea-level changes. New York: Columbia University Press.

HAQ, B.U., HARDENBOL, J., VAIL, P.R. (1987): Chronology of Fluctuating Sea Levels Since The Triassic. In: Science 235, 1156-1167.

JOHNSEN, G., KLENGEL, K.J. (1973): Blockbewegungen an der Wellenkalksteilstufe Thüringens in Ingenieurgeologischer Sicht. In: Engineering Geology 7, 231 -257.

JOHNSEN, G., SCHMIDT, K.H. (2000): Measurement of block displacement velocities on the Wellenkalk-scarp in Thuringia. In: Zeitschrift für Geomorphologie, Neue Folge, Supplementband 123, 93-110.

LANGBEIN, R., SEIDEL, G. (2002): Muschelkalk. In: SEIDEL, G. (Hrsg.) (2002): Geologie von Thüringen. Stuttgart: E. Schweizerbart'sche Verlagsbuchhandlung, 342 – 357.

LGRB (2010): Landesamt für Geologie, Rohstoffe und Bergbau Baden-Württembergs (Hrsg.) (2010): Symbolschlüssel Geologie Baden-Württemberg – Verzeichnis Geologischer Einheiten. < http://www.lgrb.uni-freiburg.de > abgerufen am 21.07.2012

KALLINICH, J. (1999): Verbreitung, Alter und geomorphologische Ursachen von Massenverlagerungen an der Schwäbischen Alb auf der Grundlage von Detail- und Übersichtskartierungen. Angewandte Studien zu Massenbewegungen, Reihe D, Nr. 04.

KÄSTNER, H., SEIDEL, G., WIEFEL, H. (2003): Regionalgeologische Stellung und Gliederung. In: SEIDEL, G. (Hrsg.) (2002): Geologie von Thüringen. Stuttgart: E. Schweizerbart'sche Verlagsbuchhandlung, 14-23.

KRAUT, C. (1999): Der Einfluß verschiedener Geofaktoren auf die Rutschungsempfindlichkeit an der Schichtstufe der Schwäbischen Alb. In: BIBUS, E. & TERHORST, B. (Hrsg.) (1999): Angewandte Studien zu Massenbewegungen, Reihe D: Geoökologie und Quartärforschung, 129-148.

KREJA, R., TERHORST, B. (2005): GIS-gestützte Ermittlung rutschungsgefährdeter Gebiete am Schönberger Kapf bei Öschingen (Schwäbische Alb). In: Die Erde 136, 2005 (4), 395-412.

PUFF, P., LANGBEIN, R. (2002): Buntsandstein. In: SEIDEL, G. (Hrsg.) (2002): Geologie von Thüringen. Stuttgart: E. Schweizerbart'sche Verlagsbuchhandlung, 326-341.

QUENSTEDT, F.A. (1858): Der Jura. Tübingen: Laupp.

RICHTER, H. (1994): Thüringer Becken. In: LIEDTKE, H., MARCINEK, J. (Hrsg.) (1994): Physische Geographie Deutschlands. Gotha: Klett-Perthes, 508-513.

SCHMIDT, K.H., BEYER, I. (2001): Factors controlling mass movement susceptibility on the Wellenkalk-scarp in Hesse and Thuringia. In: Zeitschrift für Geomorphologie, Neue Folge, Suppl.-Bd. 125: 43-63.

SCHMIDT, K.H., BEYER, I. (2002): High-magnitude landslide events on a limestone-scarp in central Germany: morphometric characteristics and climatic controls. In: Geomorphology 49 (2002): 323 – 342.

SEMMEL, A. (1994): Jurastufenländer. In: LIEDTKE, H., MARCINEK, J. (Hrsg.) (1994): Physische Geographie Deutschlands. Gotha: Klett-Perthes, 564 – 572.

SIDLE, R.C., WU, W.(1999): Simulating Effects of Timber Harvesting on the Temporal and Spatial Distributions of Shallow Landslides. In: Zeitschrift für Geomorphologie, N.F. 43 (2), 185-201.

TARBOTON, G.D. (1997): A New Method for the Determination of Flow Directions and Upslope Areas in Grid Digital Elevation Models. In: Water Ressources Research 33 (2), 309-319.

TERHORST, B. (1997): Formenschatz, Alter und Ursachenkomplexe von Massenverlagerungen an der schwäbischen Juraschichtstufe unter besonderer Berücksichtigung von Boden- und Deckschichtenentwicklung. In: Tübinger Geowissenschaftliche Arbeiten D 2.

TERHORST, B. (1998b): Geomorphologisch-geowissenschaftliche Rahmenbedingungen für Massenverlagerungen unterschiedlichen Alters an der schwäbischen Juraschichtstufe. Stuttgart: Gesellschaft für Naturkunde in Württemberg e. V. (=Jahreshefte der Gesellschaft für Naturkunde in Württemberg 154).

WAGENPLAST (2005): Ingenieurgeologische Gefahren in Baden-Württemberg. Landesamt für Geologie, Rohstoffe und Bergbau – Informationen 16. Freiburg i. Br. : Poppen & Ortmann KG.

WALTER, R. (2007^7): Geologie von Mitteleuropa. Stuttgart: E. Schweizerbart'sche Verlagsbuchhandlung.

WEBER, H. (1955): Einführung in die Geologie Thüringens. Berlin: VEB Deutscher Verlag der Wissenschaften.